과학은
흐른다

그린이 **신영희**는 회화를 공부했고 인형과 아이, 순정만화를 좋아합니다. 글쓴이 **정혜용**은 철학을 공부했고 민속과 여행에 관심이 많습니다. 두 사람은 '우리만화연대' 회원으로 만나서 1995년부터 「무적의 동창생들」(여자와닷컴), 「연두 네 집」(녹색소비자연대 소식지) 등 여러 만화를 인쇄물과 웹진에 함께 연재했습니다. 1999년 과학문화 포털사이트 '사이 언스올'에 「만화로 보는 과학문명사」를 연재하기 시작하여 2004년 『과학은 흐른다』라는 이름으로 처음 책을 펴냈습니다.

감수자 **박성래** 선생님은 서울대 물리학과를 졸업하고 미국 캔자스대학 사학과에서 석사를, 미국 하와이대학에서 역 사학 박사 학위를 받았습니다. 한국과학사학회 회장, 문화재 전문위원, 국사편찬위원회 위원, 중앙교육위원회 심의위원, 한국외국어대 명예교수로 있습니다. 『한국인의 과학 정신』 『민족 과학의 뿌리를 찾아서』 『한국사에도 과학이 있는가』 『이야기 과학사』 『재미있는 과학 이야기』 등의 책을 지었습니다.

2010년 4월 30일 초판 1쇄 펴냄
2012년 11월 12일 초판 2쇄 펴냄

그린이 신영희
글 정혜용
감수 박성래
펴낸곳 도서출판 부키
펴낸이 박윤우
등록일 1992년 10월 2일 등록번호 제2-1736호
주소 120-836 서울 서대문구 창천동 506-10 산성빌딩 6층
전화 02) 325-0846
팩스 02) 3141-4066
홈페이지 www.bookie.co.kr
이메일 webmaster@bookie.co.kr
ISBN CODE 978-89-6051-076-0 64400
          978-89-6051-072-2 (전5권)

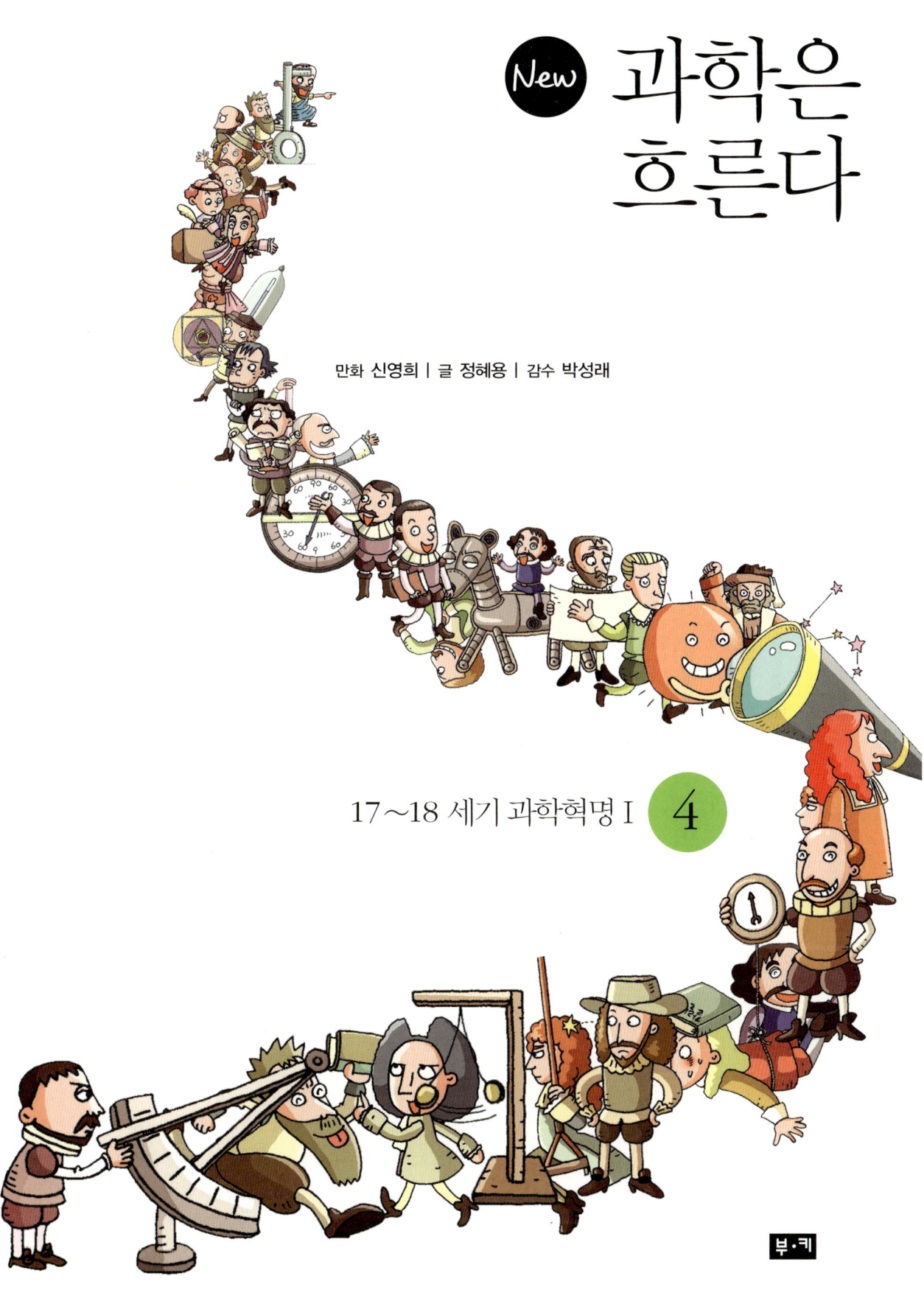

New 과학은
흐른다

만화 신영희 | 글 정혜용 | 감수 박성래

17~18 세기 과학혁명 I 4

부·키

흔히 과학 기술은 어렵고 이해하기 힘들다고 생각하여 다가가기 꺼려하는 경우가 많다. 이런 편견을 없애고 일반인들이 과학 기술에 친근하게 다가갈 수 있도록 그동안 다양한 노력들이 시도되어 왔다. 과학 기술을 활용한 연극을 만든다거나 과학을 소재로 컴퓨터 게임을 개발하여 놀이로 접하는 것 등은 최근에 과학 대중화 사업에서 많이 활용하는 방식 가운데 하나이다. 과학을 소재로 흥미로운 이야기를 만들어 내는 과학 스토리텔링 작업과 과학을 알기 쉽게 그림으로 소개하는 과학의 시각화 역시 대중과 효과적으로 소통하는 좋은 방편이다.

내가 초등 교육을 받기 전에 우리 가족은 어려운 살림살이에 좀 보탬이 될까 싶어 조그마한 만화방을 운영한 적이 있다. 물론 1년도 안 되어 경영난으로 문을 닫긴 했지만 내게는 엄청나게 행복한 시절이었다. 하루 종일 방 안에 처박혀 만화에 심취할 수 있었으니 말이다. 그 바람에 유치원 갈 형편이 되지 못했던 나는 만화를 보며 한글을 깨쳤다.

내가 어렸을 때 본 만화는 주로 일본책을 번역한 것이었다. 학교 선생님이나 부모님들이 염려하던 폭력적이고 선정적인 내용도 있었지만, 그 중에는 문학 작품을 요약한 것이나 과학 기술에 관련된 유익한 것도 많았다. 과학을 소재로 한 만화 가운데 나에게 가장 커다란 영향을 준 것은 아폴로 11호의 달 착륙을 전후해서 만들어진 한 만화책이었다. 아폴로 11호는 한국 시간으로 1969년 7월 16일 발사되어 21일 달에 착륙하고 이어 다시 지구로 돌아왔는데 그 모든 과정이 전 국민에게 생중계되었다. 이 방송은 당시 최고의 시청률을 기록하면서 과학 기술에 대한 국민적 관심을 불러일으키는 데 중요한 역할을 하였다.

달에 대한 관심이 높아지면서 천문우주를 소재로 한 만화책도 등장하였다. 나는 그런 만화책으로 우주에 대한 다양한 정보를 얻을 수 있었고, 학교 신문에 아폴로 달 착륙을 기념하는 특집기사를 실을 때 천문우주에 관한 글을 써서 선생님에게 칭찬을 받았던 기억도 난다. 만화책을 통해 얻은 정보로 학교에서 과학에 소양이 있는 어린이로 인정을 받았던 것이다.

어린 시절 과학에 흥미를 느낀 나는 대학에서 물리학을 전공하였고, 나중에는 인문학에 대한 관심과 결합되어 대학에서 과학사를 강의하게 되었다. 과학사를 전공하는 내가 만화로 된 과학사 책을 접하니 불현듯 만화책으로 과학을 배우던 어린 시절이 생생하게 떠오른다.

만화로 과학을 설명하면 내용이 빈약할 수 있다는 선입관을 가질 수도 있을 터이다. 하지만 제대로 기획된 만화라면 이런 우려를 상당 부분 잠재울 수 있다. 외국에서는 이미 난해한 아인슈타인의 상대성이론을 만화로 소개하는 책이 나와서 커다란 반향을 일으킨 적도 있으니 말이다. 『New 과학은 흐른다』가 소개하는 내용도 웬만한 과학사 개론서에 견주어도 손색이 없다. 이집트, 메소포타미아, 마야, 아스텍, 잉카, 그리스, 인도 등에 관한 고대 과학 기술사는 오히려 개론서 수준을 뛰어넘고 있다. 나도 과학사 개론 시간에 이렇게 자세히 고대 과학사를 다루지는 못한다.

이 책의 또 다른 장점은 과학뿐만 아니라 각 시대의 배경과 역사적 사실, 심지어는 철학적인 내용도 흥미롭게 다루고 있다는 점이다. 인문학을 전공한 사람들이 과학사 만화에 참여한 것이 장점으로 작용한 좋은 예라 할 수 있다. 과학사의 구체적인 내용도 오랜 세월 기본으로 자리 잡은 서양의 과학사 책을 참고했기 때문에 역사적 사실을 별다른 왜곡 없이 잘 소화하였다. 물론 만화라는 특성상 주로 일화가 강조되었기에 부분적으로 역사를 단순화한 측면이 있기는 하지만 이것이 과학사의 전체 흐름을 왜곡하고 있지는 않다.

만화를 보며 과학에 흥미를 느끼고 그것을 계기로 자연스레 과학을 전공하게 된 내가 만화로 된 과학사를 접하니 그 기쁨이 더욱 크다. 문득 나에게 과학사를 배운 학생들이 이 만화를 읽어 보고 강의와 비교해 보는 것도 흥미로울 것 같다는 생각이 든다. 이 책으로 과학사의 기본 상식을 갖춘다면 본격적으로 과학사를 배우는 데 무척 도움을 받을 것이다. 무엇보다 이 책은 과학사를 접하기 힘든 수많은 사람들에게 과학의 흐름을 이해하는 좋은 길잡이가 될 것이다.

2010년 4월

임경순(포스텍 인문사회학부 교수)

감수의 글

그림은 내게 두 가지 놀라움이다.

나는 초등학교 때부터 미술 시간만 되면 주눅이 들었다. '그림'을 그려 무언가를 표현한다는 사실, 이것은 지금도 가끔 내게 놀라움으로 다가온다. 또 하나는 무언가를 설명하고자 할 때 '그림'을 이용하여 전달할 수 있다는 사실이 그것이다. 평생 강의를 하면서 살아온 내게 두 번째 사실은 특히나 요원한 것이었다.

강의를 하다 보면 자주 '이 내용은 그림을 그려 설명하면 좋을 텐데…' 하고 아쉬움을 느낄 때가 많다. 그 아쉬움이 더할수록 그림을 못 그리는 것에 대한 안타까움은 커져만 갔다. 그런데 그저 시시하기 그지없는 그림이려니 생각했던 만화가 이렇게 훌륭한 교육 수단이 될 수 있다는 사실을 발견하고 더욱 놀랐다. 시대가 변하면서 만화가 점점 더 다양한 분야에서 효과적인 정보 전달 수단으로 각광받고 있다는 것을 실감한다.

이번에 『New 과학은 흐른다』를 추천하지 않을 수 없는 배경에는 이런 개인적인 감정이 밑에 깔려 있음을 고백하지 않을 수 없다.

평생을 과학사를 공부하고 가르쳐 왔지만 사실 만화로 과학사를 설명할 수 있다고는 거의 생각해 본적이 없다. 그런데 『New 과학은 흐른다』는 방대한 과학사를 간결하고 단순한 그림으로 설명하고 있어 오히려 더 설득력 있게 다가온다.

그러면서 나는 생각한다. 21세기로 접어든 지금, 과학 기술은 더욱 맹렬한 기세로 세상을 바꿔 가고 있다. 이런 세상을 제대로 이해하기 위해서는 지식인은 모름지기 역사를 알아야 한다고 믿는다. 그 가운데서도 특히 과학 기술의 역사를 조금은 익혀 둬야 최근 몇 세기 동안 벌어진 세계사를 이해하기 쉽고, 또 앞으로의 놀라운 변화를 예측하고 적응해 갈 수 있다.

특히 한국은 근대 과학 기술의 본고장이 아니다. 우리가 역사를 어떤 식으로 해석해 보아도 근대 과학 기술은 유럽에서 시작하여 전 세계로 퍼져 나갔다는 사실을 부정할 수는 없다. 이 때문에 과학 기술을 먼저 발달시킨 서양이 세계 문명을 압도하여 세상을 그들의 지배 아래 놓아 버렸음도 우리는 인정하지 않을 수 없다. 그렇게 시작된 서양 중심의 세계화는 이제 그 꼭짓점을 지나 또 다른 세상으로 접어들기 시작하는 듯하다.

　　세계사의 이런 변화의 길목에서 한국이 앞선 나라 사이에 자리 잡아 나아갈 수 있으려면 과학 기술의 발전에 부지런해야 한다. 그러기 위해서는 원래 서양 것이던 과학 기술을 우리에게 친근한 문화로 만들려는 노력이 필요하다. 나는 오래전 '민족 과학'이란 표현을 만들어 쓴 적이 있는데 그 이유도 바로 이런 바람에서 비롯된 것이었다.

　　이번에 부키가 내는 『New 과학은 흐른다』도 그런 나의 노력의 한 갈래가 아닐까 싶다. 누구나 세계의 과학 기술사를 조금은 알게 되는 것, 그것이 개인의 발전에만 도움되는 일이 아니라 결국은 국가의 과학 기술력을 높이는 밑거름이 되기 때문이다. 이를 바탕으로 앞으로 더 복잡한 현대의 과학 기술사도 소개하는 만화가 계속 나오기를 바란다. 더불어 동아시아와 한국의 과학사를 만화로 소개하는 책도 나올 수 있다면 얼마나 좋을까 하는 생각을 해 본다.

2010년 4월
박성래(한국외국어대학교 사학과 명예교수)

책을 펴내며

사는 건 예나 지금이나 퍽 힘든 일입니다. 사람들은 모두 배곯지 않게 먹을 것이나 따뜻이 입을 것을 구해야 했고, 고단한 몸을 누일 공간을 마련해야 했습니다. 이런 일은 하루 종일 부지런히 일하거나 돌아다녀도 쉬이 끝나지 않을 때가 많았을 겁니다. 그런 힘든 삶 속에서도 당장의 먹을 것과 입을 것을 구하는 것에 만족하지 않고, 좀 더 행복한 내일을 위해 지식을 가다듬으며 마주친 모든 삶의 조건과 싸워온 결과 우리 손에 남겨진 것이 지식과 예술일 겁니다.

이 같은 생각을 하며 들여다보는 지식의 역사에선 땀 냄새가 납니다. 꿈을 꾸고 그것을 이루기 위해 뛰어다녔을 사람들의 가쁜 숨소리가 들리는 것 같습니다. 성공하여 아름다운 이름을 역사에 남긴 사람이건 시간의 물결에 휩쓸려 가뭇없이 사라진 무명자이건 그들은 진지하게 삶을 변화시키기 위해 노력했고, 대단히 혁신적이었을 발견과 발상을 통해 좀 더 희망적인 미래를 이끌어 낸 사람들입니다.

이 책을 만든 작가들은 과학자들의 이런 도전에 감동하고 매혹당해서 과학이 오랜 세월 해왔으며 지금도 하고 있는 기나긴 싸움을 만화로 형상화해 보기로 마음먹었습니다. 만화를 통해 '과학의 역사'라는 흥미로운 분야를 친근하고 생생하며 폭넓게 표현해 보여 주는 것, 과학사에 관심을 가진 많은 사람에게 작가들과 같은 과학의 매력을 느끼도록 하는 것, 참 신나는 기획이었습니다.

알면 아는 만큼 생생하게 되살아나서 자기 얘기를 해대는 과학자들과 어우러져 노는 것도 재미있었습니다. 그러나 아무리 의욕적이었더라도 이 작업은 '과학의 역사'가 위대하고 방대한 만큼 무척이나 어려웠습니다. 그 넓고 깊은 지식을 다 끌어안기에는 우리의 역량이 많이 부족했기에 내용을 이해하지 못하여 표류하거나 자료나 정보의 부족으로 방향을 잃곤 했습니다. 가끔은 중간에 그만두고 싶기도 했지요. 결국 출간에 긴 시간이 걸렸고 그 결과 『과학은 흐른다』가 부끄럽고 힘겹게 세상에 나왔습니다.

　　그러고서 5년이 흘렀습니다. 5년 동안 작가들은 이 책 덕분에 울고 웃었습니다. 중고등학생에서 성인까지 독자를 대상으로 한 책이었지만 만화라는 매체의 특성상 어린이들도 많이 본다는 얘기에 당황하기도 했고, 따끔한 충고와 과분한 격려도 많이 들었습니다. 특히 독자들과 만날 때 느낀 감격은 정말 특별합니다. 이 책으로 외국의 만화 축제에 초대받아 참여하기도 했고, 외국어로 이 책을 읽은 독자들과 소통하는 것은 경이로웠습니다. 외국에서 만난 이슬람권 과학사 연구자가 이 책의 이슬람 과학사 부분에 대해 칭찬해 줄 때는 만국 보편의 언어인 만화의 힘에 새삼 놀라며 감격하기도 했습니다.

　　지난 5년간 더 배우고 공부한 것을 바탕으로 틀린 곳을 고치고 약간의 내용을 보태어 『New 과학은 흐른다』를 내게 되었습니다. 우리는 이 책으로 다음 책을 이어 나갈 힘을 다시 얻을까 합니다. 이 책을 보는 모든 분께 큰 감사를 드립니다.

2010년 4월

정혜용 · 신영희

책을 재미있게 보려면

옛사람들과 같이 호흡해 보세요

우리가 지금 당연하게 알고 있는 자연 법칙이나 과학 공식들은 인류의 수많은 노력과 실수를 통해 발견되고 만들어진 것입니다. "어라? 이런 것도 몰랐어?"라고 웃어넘기기 전에 한 번쯤 그 시대의 사람이 되어 보세요. "아, 이때는 이런 방법을 썼구나! 머리 좋은데? 나 같으면 어떻게 풀었을까?" "으으…. 이걸 몇 년이나 붙잡고 있다니, 대단한 끈기다!" 아마 이렇게 공감하는 부분이 많아질 거예요. 이렇게 옛 시대 사람들과 같이 생각하고 느끼다 보면 어느새 과학의 발전 단계가 피부로 느껴질 겁니다.

역사 속 인물과 친해져 보세요

아리스토텔레스, 프톨레마이오스, 레오나르도 다빈치…. 이런 유명한 사람들, 이름을 들어 보기는 했는데 왜 유명해진 걸까? 이런 사람들을 백과사전에서 찾아봅니다. 그런데 빽빽하기만 한 글자들, 무슨 소리인지 잘 이해하기 어려운 내용들로 머릿속이 더 복잡해지고 맙니다. 그럴 때 이 책을 펼쳐 보세요. 여기에 나오는 과학자들은 여러분과 친해지고 싶어 하거든요. 역사 속 인물들의 친절한 설명을 들으면 딱딱하기만 했던 '○○ 법칙'이 재미있게 이해될 겁니다.

몰랐던 과학 속 이야기를 찾아보세요

중세에는 이발사가 외과 수술도 하고 심지어 해부까지 했다던데? 아라비아숫자가 사실은 인도에서 만들어진 거라며? 천 년도 훨씬 전에 이미 자동판매기를 만들었고, "유레카!"를 외치며 부력의 원리를 밝힌 아르키메데스는 지구를 들어 올릴 수 있는 방법도 생각한 괴짜 과학자였다던데….

과학사에 얽힌 이런 이야기들, 혹시 들어 보신 적 있으세요? 바로 이 안에 그런 과학사 이야기들이 실려 있답니다. 과학자들과 웃고 울 수 있는 이야기들을 찾다 보면 과학이 정말 친근하게 다가올 겁니다.

책을 알차게 보려면

문명별, 분야별로 살펴보세요

인종마다 다른 특징이 있듯이 문명도 자연환경이나 종교 등의 차이로 저마다 다릅니다. 같은 문명 안에서도 분야에 따라 발전의 차이가 있고요. 여기서는 고대 문명은 이렇게 문명별로 나눠서 특성을 구분해 놓았답니다. 고대가 지나면 과학이 좀 더 세분화되어 생물학, 물리학, 수학 등 분야별로 나눠지기 시작합니다. 이런 분야별 과학도 발달의 차이가 있어요. 이 책은 문명별, 분야별로 나눠서 특성과 차이를 설명하고 있습니다.

연표도 한 번씩 펼쳐 보세요

이 책을 보다가 갑자기 지금 읽는 부분이 인류 문명의 어느 단계인지 궁금해지신다면 한눈에 모든 단계를 볼 수 있는 연표를 펼쳐 보세요. 과학의 흐름과 인류의 역사를 같이 짚어 볼 수 있는 특별한 연표를 이 책 뒤에 만들어 놓았답니다. 인물로 찾아도 되고, 연도로 찾아도 되고, 사건으로 찾아도 되는 편리한 연표랍니다.

시대적 배경을 미리 보세요

메소포타미아 문명은 왜 점성술을 중시한 걸까? 르네상스 시대엔 왜 인본주의가 발달했을까? 책을 읽다 보면 문득 이런 의문들이 들 거예요. 그렇다면 검은 바탕 만화들을 찾아보세요. 메소포타미아 문명은 전쟁이 많아서 점성술이 발달했고, 르네상스 시대에는 왕의 권력이 교회보다 커지면서 인본주의가 발달했다는 이유가 나와 있을 거예요. 이렇게 검은 바탕의 만화에는 그 시대의 역사와 시대 상황들을 미리 알 수 있도록 짧게 요약해 놓았답니다. 시대에 대한 지식을 먼저 접하면 그 시대 과학이 훨씬 쉽게 다가옵니다.

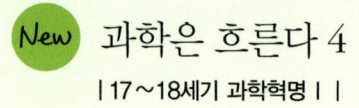

New 과학은 흐른다 4

| 17~18세기 과학혁명 I |

17~18세기 과학혁명 I

과학혁명의 위대한 시작

경험론과 합리론

르네상스 시기에 시작했던 실험과학은 점차 그 쓰임새를 인정받아 확산되었으나

대부분의 사람들은 새로운 과학의 가치를 알아보지 못했다.

실험을 통해 재미를 본 사람들이 어쩌다 있었지만 그 실험이 이론으로 설명되진 못했죠.

이론이 없는 실험 결과는 지식으로 남지 않고요.

결국 '방법'은 알되 '원리'는 알지 못하는 거죠.

더군다나 이 새로운 과학의 잠재력을 눈치 챈 사람은 매우 적었다.

왜 없어. 내가 있잖아!

거참, 어련히 소개 안 해 줄까….

눈치 빠른 사람들은 대개 철학자들이었는데

앗, 드디어 나오는 거야?

김치! 치즈! 단무지!

르네 데카르트 (1596~1650)

프랜시스 베이컨 (1561~1626)

그들은 새로운 과학에 매료되었다.

난 말이지, 과학을 정말 사랑해. 왠지 알아?

그럼요. 보편적으로 설명할 수 있지, 응용도 쉽지. 그러니 어찌 안 좋아하겠어요?

으으…. 아냐, 아냐! 내 사랑은 그렇게 건조한 게 아니라고!

너 연애 한 번도 안 해 봤구나

이들은 과학이 인류의 진보에 기여할 것이라 판단했다.

자, 그럼 이 사랑스런 근대과학과 결혼하려면 어떡해야 할까?

실험? 절대 아니지. 바로 철학에 답이 있다고.

왜냐? 난 철학자걸랑

그들은 철학이 과학에 기여할 수 있는 것들을 찾았으며

철학은 인간이 자연에서 얻을 수 있는 지식을 파악하고 증명해 내야 하죠.

에이~, 좀 더 쉽게 얘기 해야지.

우린 알지. 우리 시대 과학의 장점이 뭔지 말이야. 그건 바로 주제에 접근하는 방법이 달라졌기 때문이거든.

그치?

그 첫걸음으로 근대과학의 방법적 토대를 마련하는 데 열정을 쏟았다.

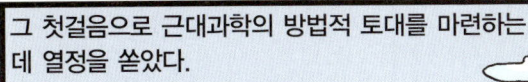

우리가 제일 먼저 해야 할 일은 과학의 방법을 연구해서 널리 알리는 거라고.

그렇죠. 새로운 과학에 자극도 주고, 방향도 제시할 수 있어야 하죠.

방법적 토대

그러나 두 사람은 실험과학에 대한 의견 차이를 보이며 대립하기 시작하는데

새로운 과학의 가장 좋은 점은 경험을 중요하게 여긴다는 거야.

중세 학자들은 경험을 인정하지 않아서 망한 거라고.

어? 그건 아니죠.

경험

스콜라 철학자들은 인간에게 있는 이성을 잘못 파악해서 망한 거라고요.

이 잘못된 중세 사고에 맞설 수 있는 것은 올바르고 냉철한 이성밖에 없어요.

냉철한 이성 ✕ 중세 사고

경험은 지식을 얻는 데 장애물만 될 뿐이죠.

이봐, 잠깐만…!

어쨌든 필요한 건 이성뿐이라고요.

천만의 말씀! 경험이야, 경험!

이와 같은 인식의 차이를 일명 경험론과 합리론이라고 합니다.

경험론

합리론

으르렁

자자, 진정들 하세요.

일단 두 분의 생각을 차례차례 들어 보도록 하죠.

그럼 나, 나! 나부터 할래!

흥! 그러시든지

경험이 왜 중요한지 말해 주지.

내가 과학의 일반적인 방법들을 만들겠다는 결심을 했잖아.

그러려면 먼저 우주에서 일어나는 모든 현상의 원인을 밝혀내야 했어.

즉 과학으로 자연을 이해하는 거지.

봐봐, 요리를 하려면 먼저 재료의 특성을 알아야 하잖아.

과학

난 과학이 자연을 요리하는 것이라 생각했거든.

특히! 우리가 마음먹은 대로 할 수 있는 자연현상의 원인을 밝히는 게 중요하지.

왜냐? 주무르지도 못하는 것은 원인을 알아봤자 쓸 데가 없잖아.

이걸 어디에 쓰냐?

생각해 봐. 돌멩이로도 국은 끓일 수 있다고. 요는 먹을 수 없단 게 문제지만.

에… 쓸모 있는 자연현상의 원리들은 이미 많이 알려진 편인데….

주로 성질이나 형태를 바꾸는 과정에서 알아낸 거지.

이런 원리들은 인류의 경험이 쌓인 것으로 소중한 보물이자 과학의 원천이야.

광석을   녹이고   연마해서   생산물을 만든다

나는 그중에 연구할 가치가 있는 주제를 130개 정도 뽑아서

그것과 관련된 모든 자료를 모아 보겠다는 야심 찬 계획을 세웠지.

『플리니우스 박물지』의 여섯 배 정도의 자료를 모은다면 어지간한 자연현상은 요리할 수 있을 거라고.

이 자료도 대충 모으는 게 아니지. 나름대로 순서가 있거든. 제일 먼저 그 자연현상이 어디에서 일어나는지 찾는 건데….

예를 들어 열에 대해 연구할 때는

우선 어디서 열이 나오는지 찾아보는 거야. 아마도 불꽃이나 태양 광선이 생각나겠지?

이런 불꽃이나 태양 광선들은 긍정적 사례들의 집합이라고.

긍정적 사례

그럼, 부정적 사례란 무엇일까? 눈치 빠른 사람들은 이미 짐작했겠지만…

부정적 사례

그 현상이 일어나지 않는 경우들의 목록으로

달빛, 공기, 물 등에는 열이 나지 않는다는 사실을 적어 놓는 거야.

그러면 비교할 수 있는 사항들도 생기지.

동물의 열은 운동 상태에 따라 달라진다든지, 마찰로 생기는 열은 운동의 강약에 따라 달라진다는 경험들을 수집하는 거야.

운동 전   운동 후 → 열이 발생

가벼운 마찰   격렬한 마찰 → 열이 발생

이렇게 여러 사례들을 모은 다음 가설을 만들고 실험해 보면서 버릴 건 버리고, 남은 것들은 더욱 세밀히 연구할 때 바로 과학 지식이 얻어지는 거야.

과학   지식

가설로 실험

가설로 실험

제외된 사례들

가설로 실험

제외된 사례들

가설로 실험

여 러 가 지 사 례

난 이렇게 한 단계씩 발전해 나가는 것을 '지식의 사다리'라고 이름 붙였지.

이런 방법으로 열에 대한 여러 가지 가설들을 연구해 본 결과

운동

운동

운동

운동

열의 본질은 운동에 있다는 결론을 얻었어. 왜냐하면 열이 발생하는 곳에는 어떤 모양으로든 운동이 있었거든.

아, 그러나 내가 순전히 경험 위주로만 실험한 건 아냐.

경험

난 기본 원칙 없이 무조건 관찰만 하는 건 이상한 결과만 낳는다고 생각했거든.

그럼, 관찰과 자료 수집의 기본 원칙은 무엇이냐? 바로 네 가지 우상을 경계하는 거지.

네 가지 우상

우상? 그게 뭐죠?

어? 우상의 뜻을 몰라?

'우상'이란 신처럼 숭배하는 물건이나 사람을 뜻하는데…

우상을 숭배하면 저런 정신없는 짓도 하게 되거든.

자료를 모으다 보면 편견이나 선입견을 자주 만나는데

선입견

난 이런 편견이나 선입견들을 우상이라 이름 짓고 네 가지로 나눠 봤지.

우상

우상

우상

우상

그중 첫 번째는 '종족의 우상'이야. 이게 뭐냐면

우리가 인간이라는 종족이기에 갖게 되는 편견을 얘기해.

인간은 뭐든지 인간 위주로 해석하곤 하잖아.

이런 말 들어 본 적 있을 거야. 꽃이 나를 보고 방긋 웃는다 …

꽃, 나보고 방긋 웃었냐? 그래? 안 그래?

…어

파도가 울부짖고…

나비가 춤을 춘다. 이거 참, 시적인 표현이긴 한데, 사실 나비가 춤을 추는 건 아니잖아?

그저 제 갈 길을 가는 것뿐…

그치?

맞아요

이렇게 인간의 생각에 자연을 맞춰 해석하거나 의인화하는 것을 종족의 우상이라고 하는 거야.

두 번째는 '동굴의 우상'이야.

푸드득

만약 어떤 사람이 한평생을 동굴에서만 살았다면 세상을 어두컴컴한 곳으로 알 거야.

우물 안 개구리도 이런 뜻인 것 같던데….

이처럼 개인의 특수한 상황이나 환경에서 생기는 잘못된 판단을 동굴의 우상이라고 하지.

세 번째는 '시장의 우상'인데 이건 뭐냐면….

사람들이 시장에 가서 물건도 사고 떡도 사 먹지만

여기저기 모인 사람들이 떠드는 얘기를 듣기도 한단 말이지.

쫑긋

누구네 애는 반장이래요

그래요? 난 공부를 못한다고 들었는데……

그 와중에 잘못된 말이나 표현이 사용되거나

알고 보니 청소반장이더라구

검증되지 않은 얘기들이 힘을 얻어 진짜처럼 들리는 데서 편견이 생기기도 하지.

아 글쎄 귀신은 있다니까!

삼돌이네 아버지도 봤대요

정말?

마지막으로 '극장의 우상'이 있지. 이건 우리가 연극을 볼 때 말이야….

현실이 아닌데도 진짜 일어난 일로 생각하기 쉽잖아?

아앗ー 저놈이 주인공을 죽였어

이 나쁜 놈

연극은 연극일 뿐 착각하지 맙시다.

이렇게 무대 위에 있는 잘 알려진 원칙, 학설, 전통을 그대로 믿게 돼서 나오는 편견이 바로 극장의 우상이지.

원칙 학설 전통

뭐…, 유명인의 말은 무조건 옳다거나 성경 때문에 천동설을 버리지 못하는 경우도 이에 해당되지.

그러니까 우리가 지식을 얻기 위해서는 이런 네 가지 우상을 경계하고

정확한 실험 결과를 얻을 수 있도록 서로 돕고 나눠야 한다는 거지.

그런 의미에서 보자면 애시당초 과거 학문에서 기대할 건 하나도 없지. 과거에는 경험을 무시했으니까….

경험

도대체 자연을 관조하기만 해서 뭔 발전이 있겠냐고!

왜 나한테 그래?

안그래요 아리스토텔레스

과학자는 경험에서 출발할 때만이 자연의 본모습을 볼 수 있고

그런 지식이 쌓여야만 과학이 진보한다는 거지.

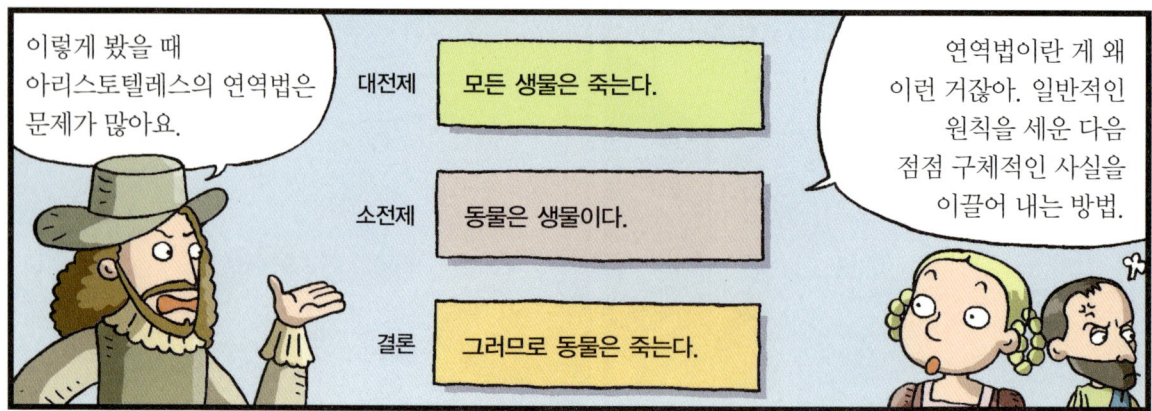

이렇게 봤을 때 아리스토텔레스의 연역법은 문제가 많아요.

대전제	모든 생물은 죽는다.
소전제	동물은 생물이다.
결론	그러므로 동물은 죽는다.

연역법이란 게 왜 이런 거잖아. 일반적인 원칙을 세운 다음 점점 구체적인 사실을 이끌어 내는 방법.

이 방법은 지식을 합리화시키는 데만 급급하다고.

수학도 정답보다는 논리적인가를 따졌던 그리스 학문이 그러했듯이….

이 방법은 기존 지식, 즉 대전제가 있을 때만 성립된다고.

연역법

지식   지식   지식

그러니까 연역법은 여러 경험을 통해 새로운 지식을 얻기엔 적절치 않다는 거지.

이게 가장 큰 문제야

연역법

경험   경험   경험   경험

게다가 아리스토텔레스는 과학 용어들을 제대로 알지도 못하고 써서…

한 단어에 뜻이 여러 개일 때 생기는 오류라든지….

이봐! 말 조심해 남한테 상처를 주게 된다고

말 조심은 네가 하는 게 좋을 것 같은데

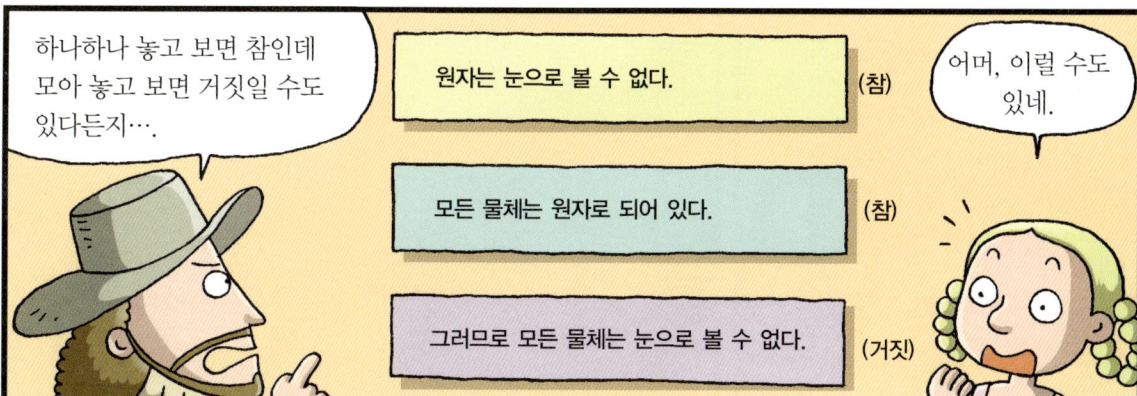

하나하나 놓고 보면 참인데 모아 놓고 보면 거짓일 수도 있다든지….

원자는 눈으로 볼 수 없다. (참)

모든 물체는 원자로 되어 있다. (참)

그러므로 모든 물체는 눈으로 볼 수 없다. (거짓)

어머, 이럴 수도 있네.

그러니까 연역법은 지금 과학엔 그다지 도움이 안 된다고.

연역법의 문제점! 또 있긴 하지만 이쯤에서 참는다

그럼 당신은 어떤 추론법을 쓰려는 거죠?

나? 나야 당연히 경험에서 원리를 얻는 방법을 쓰지.

그건 무엇이냐? 이름하여 귀납법!

'귀납법'이란 이 예와 같이 경험에서 얻은 하나하나의 사실에서 공통점을 찾아 일반적인 원리나 법칙을 이끌어 내는 방법이지.

코끼리, 사자, 물고기, 사람은 죽는다.

코끼리, 사자, 물고기, 사람은 동물이다.

동물

그러므로 모든 동물은 죽는다.

사람들은 대부분 지금까지 반복된 현상들이 계속될 거라 기대하잖아?

해는 매일 아침 다시 뜰 것이고, 낮과 밤은 반복될 것이다 등….

근데 이러한 지식이나 기대가 어떤 근거에 의존하는지 한번 파헤쳐 본다면

이건 두말할 것 없이 경험에 의한 일종의 귀납법에서 얻은 거란 말이지.

알고 보면 우린 이미 귀납법을 많이 쓰고 있는 거라고

게다가 귀납법에 의한 결론은 당장은 진리라 인정받지 못하더라도

그 결론을 뒷받침해 주는 사실들이 쌓여 감에 따라 확실하게 진리에 가까워질 수 있다는 말이지.

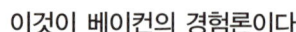

결론 → 결론

이것이 베이컨의 경험론이다.

이제 내가 경험을 그토록 강조하는 이유를 이해하겠지?

거기까진 이해가 가는데요….

방금 한 아리스토텔레스 비판은 좀 심한 거 같아요.

뭐가?

사실 연역법이 아리스토텔레스의 후대 사람들에 의해 '경험'에서 많이 멀어지긴 했지만

아리스토텔레스는 관찰 가능한 증거를 제1원리로 두는 귀납-연역적인 원칙을 주장했거든요.

맞아! 좀 알고 욕을 해라

깨갱

게다가 연역법의 오류를 꼬치꼬치, 구석구석 따졌듯 귀납법도 따져 보면

몇 가지 오류를 찾을 수 있다고요.

어… 어떤거?

음…, 예를 들면 서로 상관도 없는 상황이 연달아 일어났다고 해서 인과관계로 해석한다든지….

까옥!

저기 봐! 까마귀가 나니까 배가 떨어졌어

귀납법은 경험과 실천을 강조한 데에 장점이 있지만

실험을 하기 위해선 연역적으로 추론해서 가설을 세워야만 한다고요.

창조적인 과학자의 직감 역시 연역적 추론에 의지하죠.

결국은 둘 다 나름대로 장단점이 있기 때문에 현대의 과학자들은 이 둘을 같이 쓰는 거라고요.

연역법 귀납법

그리고 베이컨 씨, 당신도 조금 문제가 있어요.

뭐… 뭔데?

일단 그 당시 과학자들의 업적을 거의 이해하려 하지 않았고요.

수학의 중요성도 무시했죠. 과학 연구에 수학이 얼마나 중요한데….

또 원리나 방법을 밝혀내는 데 크게 노력도 안 했고요.

남들이 그러면 엄청 욕했으면서…

그러니 결국 자연과학 분야에서는 두드러진 발명이나 발견을 하지 못한 거라고요.

으흑

그래, 난 실패했어! 과학적 업적이야 내가 철학자니까 그럴 수 있다 치더라도

야심만만했던 6부짜리 대작 『학문의 대혁신』도 미완성으로 끝나고….

학문의 대혁신

미완성

귀납법의 장점을 강조하고

과학의 일반적인 방법론까지 완벽하게 다 모아 놓은 책을 만들려고 했는데….

당신도 너무 욕심이 과했던 거 아니야?

레오나르도 다빈치

내가 너무 심했나?

운도 없지. 평생 아부해서 겨우 승진하니까 뇌물 좀 받아먹은 게 들통 나서 쫓겨나질 않나.

그건 뭐 그리 억울해 할 거 없어 보이는데요?

베이컨

덕분에 시간적 여유가 생겨 여러 가지 연구를 할 수 있었잖아요.

심지어는 어떤 생각이 불현듯 떠올라 실험 하나를 했는데 말이야.

차가운 눈이 고기를 썩지 않게 할 거 같더라고. 그래서 당장 닭고기를 사서 눈 속에 파묻었지….

거기까진 좋았어. 근데 그때 감기가 들었는지 몇 주 후 죽어 버렸지 뭐야.

아직 연구하기 창창한 나이 였다고

기운 내요, 베이컨 씨. 목표엔 못 미쳤지만 당신이 끼친 영향도 대단하다고요.

정말?

그럼요. 과학의 힘을 강조해서 '과학적 낙관주의'의 선구자가 된 데다….

실용주의적 과학관이란 게 꼭 좋은건은 아니지만서도…

귀납법은 19세기 들어 잔뜩 모여진 연구 자료들을 정리할 때 중요한 역할을 했다고요.

내가 원한 게 이런 거 였거든.

자, 오래 기다리셨죠?
이젠 데카르트 씨, 당신이
얘기할 차례….

어?
어디
갔지?

어휴~ 여기서
자고 있으면
어떡해요?

맞아. 남은 진지하게
얘기하는데!!

어? 끝났어요?
너무 길어서….

데카르트는 어릴 때부터 몸이 약했다고 한다.

수업을 듣다가도 많이
잤어요. 뭐, 워낙 똑똑하다
보니 다들 봐주더라고요.

연구도 침대에
누워 하는 경우가
많았고….

그러니 제 얘기도 침대
위에서 하겠어요.
이해해 줘요.

어디서
침대가
났지?

베이컨보다 35년 늦게 태어난 데카르트는

귀족 집안에서
태어나서 평생 돈 벌
필요도 없었고

교육도
빵빵하게
받았지만….

스무 살 무렵 학교를 졸업한 후에 실의에 빠졌다.

왜?
실연이라도
당했어?

제가
당신인 줄
아세욧!

뭐가 문제냐면요.
어떤 지식도 확실하지
않다는 걸 느낀 거예요.

과학, 역사, 철학, 신학
어느 것에서도 이거다 하는 게
없었지요.

확실한 건 수학 진리
몇 개뿐이었어요.

수 학

그러던 제 눈에 띈 게 이거였어요.

그게 뭔데? 휴지통 아냐?

휴지통

휴지통이 아니라 알맹이를 봐야죠. 이건 당신이 쓸모없다고 버린 연역법이여요.

난 아직도 그렇다고 생각하는데?

연역법

전제가 확실하면 결론도 확실하게 나오는 게 연역법이죠. 그래서 전 과학에 사용해도 좋을 것 같았어요.

전제

결론

하지만 전제가 확실하지 않을 경우엔 말짱 도루묵인데?

후후후~, 그렇지요. 그래서 전 확실한 전제를 얻기 위해 '방법적 회의'라는 걸 생각해 냈거든요.

방법적 회의라니…?

한마디로 말해서 쬐끔이라도 의심스러운 건 모두 부정한 거지요.

사실 따지고 보면 모든 게 다 의심스럽긴 하죠. 내가 지금 보고 있는 사과 색깔이 정말 빨간색인 걸까?

혹시 인간의 눈에만, 아니면 내 눈에만 이렇게 보이는 건 아닐까?

또 이게 정말 사과인 걸까? 과연 무엇이 진실일까?

이렇게 의심하다 보면 감각에 의존하는 외부 세계는 일단 빼 버리게 되죠.

이건 아웃!

외부세계

아까도 얘기했듯이 어지간한 철학이며 학문도 다 제쳐 버리고 말이여요.

얀마! 그렇게 의심하면 뭐가 남냐? 한 개도 안 남겠구먼.

이런 것도 아웃!

근데 딱 하나 확실한 게 있더라고요. 후훗.

그게 뭔데?

그건 바로 의심을 하고 있는 나 자신이죠. 이것만큼은 털어 보고 뒤집어 봐도 확실하더라고요.

그래서 '나는 생각한다, 고로 존재한다.'라는 명제를 만들어 연역법의 출발점으로 삼기로 했죠.

저말 되게 유명해요

아 그래?

그러면 곧장 결론이 하나 나오는데…. 바로 '생각'이란 나의 '정신'이 하는 일이란 거죠.

그래서 정신은 세이프!

따라서 정신은 확실히 존재하는 거고요.

정신

결국 정신이 선천적으로 인식하는 '신'도 존재하고

신

정신

신이 창조한 자연 세계도 존재한다고 얘기할 수 있겠죠.

그래서 세상엔 신을 제외하면 생각하는 성질인 '정신'과

확장하는 성질인 '물질', 이 두 가지가 존재하는 거죠.

정신

물질

정신과 물질은 서로 간섭하지 않고 독립해 있죠.

정신

물질

아!

이 부분은 정말 눈여겨봐야 해요.

그전까지는 물질과 정신을 잘 분리시키지 못했거든요.

정신

물질

아리스토텔레스만 해도 물체는 물질과 정신이 결합한 것인데 그 정신 때문에 물체가 운동을 한다고 봤죠.

그렇지

그러나 사실 정신과 물질이 뒤섞여 있다면 어떤 것이든 연구하기가 어렵지 않겠어요?

데카르트는 정신과 물질을 따로 떼어 내 물질은 물질로만 남는다는 근대적인 이론을 확립했고

물질만 연구할 수 있게 만든 거예요.

물질

근데, 또 어디 갔어요?

또 자. 남 얘기가 조금만 길어지면 자는군.

에궁~, 너무해요.

아흠, 끝났어요? 체력이 달려서…, 근데 어디까지 얘기했더라?

44

정신과 물질의 독립이요.

아~참, 그렇지. 그런데 세상에는 정신과 물질이 얽혀 있는 게 딱 하나 있는데요.

그건 바로 인간이여요. 다른 동식물엔 정신이란 게 없지요.

그럼 물체는 정신이 없는데 어떻게 운동하느냐? 바로 신께서 처음 물체를 만드실 때 운동을 줬기 때문이죠.

난 말이죠. 물질시계란 마치 한 번 태엽을 감아 주면 영원히 움직이는 시계와 같다고 생각해요.

그러니가 신께서 감아 준 태엽, 즉 한 번 준 운동이 물질세계를 계속 운동하게 하는 거죠.

이것이 데카르트의 기계적 세계관이다.

정리하자면, 물질세계는 정신과는 상관없이 존재하지만

정신

이성 능력

이성 능력으로 다 파악되죠. 신이 주신 물리법칙에 따라 움직이는 거대한 기계라고 생각하면 쉽죠.

이러한 기계적 세계관에서 데카르트는 몇몇 물리법칙들을 이끌어 냈는데

위에서 말했듯이 운동은 신께서 천지창조 때 단 한 번 우주에 준 것이고

그 뒤로 신께선 다시 간섭한 적이 없지요. 신이 준 운동은 곧 '자연법칙'이라 말하는 것들인 거고요.

따라서 세계는 우주 법칙에 의해 만들어진 것이므로

앞으로도 지금과 같은 모양을 취하게 될 거여요.

데카르트는 이 기계적 세계관을 인간과 동물에도 적용했다.

자세히 움직임을 살펴보면…

동물이나 인간은 굉장히 정교한 운동을 하잖아요? 뼈와 근육이 서로 작용하면서요.

이런 운동은 마치 우주의 운동과 같죠. 우주는 크고 정교한, 하나의 시계 같다고 표현한 거 기억나시죠?

마찬가지로 동물도 무척 정교한 기계장치인 셈이죠.

예를 들면 규칙적으로 피를 뿜어내는 심장을 보면 마치 부글부글 끓게 만드는 모터 같지 않나요?

입으로 효과음 내지 말아 주세요!

부글 부글

그리고 동물에겐 없고 인간만이 유일하게 갖고 있는 이 '정신'!

이 때문에 인간에게만 있는 기관이 있는데, 바로 뇌 뒤쪽에 있는 '송과선'이란 거죠.

여기에 정신이 깃들어 있으면서, 정신과 물질이 만나게 되죠.

송과선은 눈의 신경 자극을
전달받아 몸을 움직이도록
근육으로 전해 주는 곳이랍니다.

송과선

저 눈 뒤에
있는 게
송과선이래요

또 데카르트는 진공을 부정했는데

왜냐면요, 우리는
물질이 차지하는
기하하적 공간을
느낄 수 있잖아요.

그건 모든 물질이 반드시
공간을 차지하고 있다는
얘기데요.

결국 절대적으로 빈 공간,
즉 진공이란 존재할 수
없다는 거죠.

이와 같은 데카르트의 생각은 우주관에도 그대로 적용되었다.

자, 이게 바로
제가 생각한 우주의
구조랍니다.
태초에 신이 우주에 운동을
주면 그림과 같은 여러 개의
소용돌이가 만들어지죠.

소용돌이 중심에는 입자란 게
있어서 빠른 회전운동을 하면서
빛을 내고 별이 되죠.
소용돌이는 하나하나가
태양계와 같고요.

별 주위에 점으로
표시된 원들은 행성의
궤도를 나타내지요.

이 소용돌이들은 원심력이 생겨 다른 소용돌이들과 힘의 균형을 이루죠.

그래서 생기는 중력은 중심을 향하게 되는 거고요.

중력

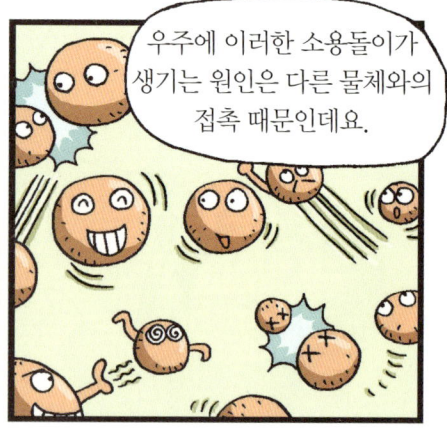

우주에 이러한 소용돌이가 생기는 원인은 다른 물체와의 접촉 때문인데요.

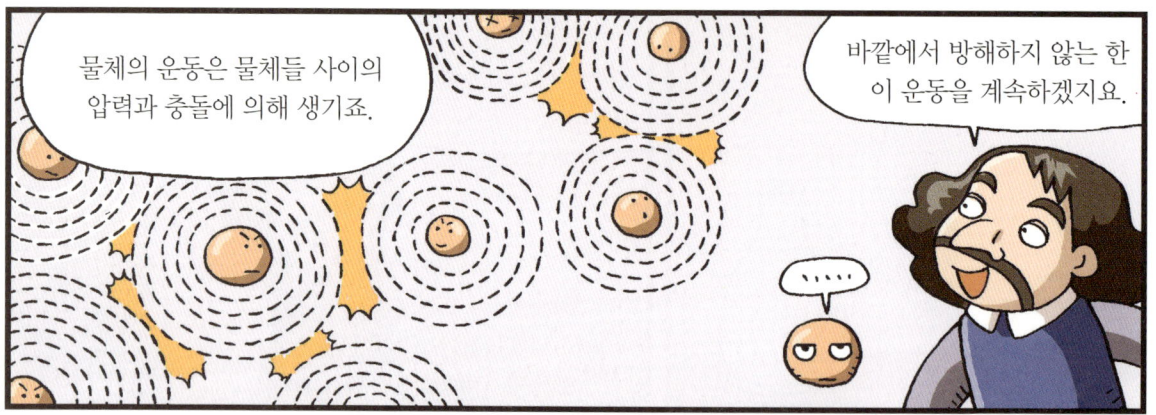

물체의 운동은 물체들 사이의 압력과 충돌에 의해 생기죠.

바깥에서 방해하지 않는 한 이 운동을 계속하겠지요.

.....

그런데 이미 얘기했듯이 우주는 물체로 꽉 차 있으므로 한 번 운동을 하면 계속될 수밖에 없고

영원할 수밖에 없다는 확실한 결론이 나오는 거죠.

이것을 이름하여 '운동량 보전의 법칙★' 또는 '관성의 법칙★' 이라고 한답니다.

그리하여 이런 얘기도 할 수 있죠. 내게 물질과 운동을 달라! 그러면 세계를 만들어 보이겠다.

저, 저런 발칙한….

★ 운동량 보존의 법칙–밖에서 어떤 힘이 가해지지 않는 한 물체의 운동량이 변하지 않는 것. ★ 관성의 법칙–물체가 밖에서 힘을 받지 않는 한 정지 또는 운동 상태를 지속한다는 법칙.

좀 대담했나? 히히~. 아무튼 운동의 개념을 알고, 원인과 결과를 파헤치면

우주 구조와 중요한 작용들을 알아낼 수 있죠. 바로 이런 것들이 과학자의 임무고요.

데카르트가 기계론을 바탕으로 세운 물질관은 학문의 우선순위도 바꿔 놓았는데

왜냐하면 이제 더 이상 신이나 천사가 기적을 일으켰다든지 천재지변을 일으킨다고 얘기할 수 없으니까요.

신은 자신이 처음에 나눠 준 자연법칙으로만 우주를 지배할 뿐이니까.

자연 법칙

그리고 모든 물질은 똑같은 자연법칙에 지배받는 기계일 뿐이니

'자연에 동물혼, 식물혼, 이성혼 같은 게 있고 거기에 계급이 있다.'라는 스콜라철학*의 생각도 써먹을 수가 없죠.

스콜라 철학

내가 인간 외엔 정신을 가진 게 없다고 한 거 기억하죠?

★ 스콜라철학-8~17세기까지 중세 유럽에서 이뤄진 신학 중심의 철학.

이런 자연관이 자리 잡으면서 물체에 계급이 있다는 설은 점차 사라지고

정신과 물질은 나눠지지만 오직 인간만이 그 사이에 양다리를 걸치고 있다는 생각이 강해졌죠.

정신적

물리적

덕분에 과학은 신학에서 완전히 떨어진 거예요.

신학   과학

데카르트가 종교와 과학을 분리한 후에야 과학계는 변할 수 있었다.

이젠 종교로부터 간섭받지 않고 연구를 할 수 있다고요.

만세 만세

물론 종교의 영향을 한 번에 없앨 수 있는 건 아니었지만

그래도 종교를 크게 신경 쓰지 않아도 되는 순수 과학자들이 생겨난 거죠.

데카르트 역시 순수 과학을 따르던 연구자였다.

난 독실한 신자이기도 했고, 수줍음도 많이 타서

살얼음판 깨질라…

신학과 마찰이 안 생기도록 정말 조심히 연구했지요.

코페르니쿠스의 우주관을 담은 『우주론』이란 책을 거의 완성했을 무렵

큰일 났어요

갈릴레오가 처벌 당했대요

뭐라?

이런 얘기에 놀라 책 내는 것 조차 포기할 정도였거든요.

그래서 뒤탈이 없을 것만 연구하다 보니 자연히 수학 같은 쪽을 많이 연구했고요.

뭐…… 내가 수학을 좀 잘하기도 했고 훗

데카르트의 최대 공헌은 수학의 활용에 있다.

세상에는 수학으로 풀 수 있는 것과 없는 것들이 있지요.

일단 수학으로 풀 수 있는 것들만 골라 놓은 뒤

그 명제에서 편견을 떼어 내고 남은 걸 수학적으로 푸는 거예요.

최소한의 공리를 사용해서……

문제

수학 형식

그럼 숫자로 정리된 설명과 내용들을 얻게 되는데

난 이걸 위해 데카르트 좌표와 분석 기하학을 발견했지요.

이건 대수와 기하학을 서로 결합시킨 방식이군요.

이 방법을 쓰면 누구라도 자신이 원하는 지식을 확실하게 얻을 수 있지요.

이런 수학적 방법은 뭐… 공식만 제대로 찾는다면 우주의 웬만한 일들은 정확히 풀어낼 수 있죠.

아, 물론 매우 어렵겠지만 이론 상으론 가능하다는 거예요.

실험은 어쩌다 같은 명제에서 다른 결론이 나올 때 어떤 답이 옳은지 알아볼 때나 필요한 거예요.

그래서 난 실험은 별로 중요하게 여기질 않아요.

결국 실험은 보조 수단이군요.

음…, 맘에 안 들어.

아! 그렇다고 내가 고대 피타고라스 학파처럼 수학으로 모든 걸 풀 수 있다고 본 건 아니에요.

수학

나에게 수학은 도구에 불과하니까요.

사실 단순한 수나 도형을 좇아 그것에만 매달리는 것만큼 부질없는 연구도 없다고요.

학회의 성립

학회란 학자들이 모여 연구와 토론을 하는 곳이죠. 사실 그런 의미로 보자면

아카데미, 리케이온, 무세이온, 그 밖의 대학들도 학회의 성격을 가지긴 했었지만요.

기술과 보다 밀접하게 관련된 근대 과학을 연구하기 위해선 새로운 방식의 학회가 필요해졌죠.

게다가 17세기에 들어서도 여전히 아리스토텔레스를 신봉하는 대학들이 많아서

과학혁명을 추진하던 과학자들이 대학에서 활동하기 힘들었던 것도 하나의 이유지요.

아리스토텔레스 최고!

과학혁명 초반에 만들어진 학회들을 살펴보자면

최초의 학회는 이탈리아에서 생겼다.

1560년 '아카데미아 세크레토룸 나투라에'라는 학회가 생겼는데

여긴 마법과 관련됐다는 의심을 받아 금방 폐쇄됐고요.

1603년엔 로마에서 '린체이 학회'가 탄생했지요.

이 린체이란 살쾡이란 뜻이고요

살쾡이 눈처럼 예리하게 진리를 찾아낸단 뜻이죠

유명한 갈릴레이도 여기 회원이었어.

그러나 이곳은 30년 뒤 없어지고

코페르니쿠스 학설을 가지고 서로 싸우다가 후원자마저 죽어 버리는 바람에….

그 뒤를 이은 것은 1657년 피렌체에 만들어진 '실험 학회'였다.

갈릴레이의 두 제자인 비비아니와 토리첼리가 세웠고

해부학자 보렐리, 해부학자 겸 지질학자 스테노, 박물학자 레리 등이 활동했어요.

이 학회는 이론에는 별 관심이 없었고, 주로 생물학과 물리학 분야에서 폭넓은 실험을 했지요.

이 장면은 페르디난도 2세와 회원들이 복사 실험을 하고 있는 장면이에요.

실험 학회는 이와 같은 기관지도 발행했고

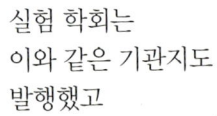

실험 학회 기관지 『자연에 대한 실험 논집』의 표지(1667년)

DI NATVRALI
ESPERIENZI

LEOPOLDO DI TOSCANA

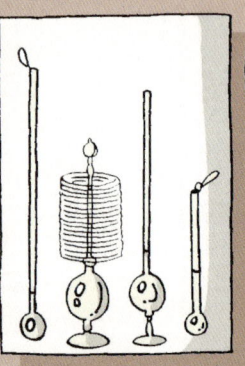

공동 연구를 하여 사상 최초의 기압계를 만드는 등 과학 기구를 발전시키는 데 힘썼지요.

실험 학회가 설계한 온도계(1667년)

하지만 두 명의 후원자 중 하나가 추기경이 되자 교회의 압력이 심해져 불과 십여 년 만에 문을 닫고 말았지요.

교권

교권

폐업

린체이 학회와 실험 학회는 너무 늦게 등장한 탓에 과학 상의 문제를 해결하지 못하고 끝이 났지만

그 뒤에 나온 다른 학회들의 본보기가 되었답니다.

이제 사람들은 후원자에 기대지 않고 학회를 세워 나갔는데

뭐랄까, 좀 더 소박하게 출발했다고나 할까요?

마치 계 모임처럼 자기 돈을 들여가며 만났던 거지요.

영국에서는 청교도인 존 윌킨스가 옥스퍼드에서 학회를 만들었다.

'필로소피컬 칼리지'라는 젊은 과학자 모임을 만든 게 시초였다오.

같이 한 사람으로는 독일 인 테오도르 하크와 수학자 윌리스 외에 여러 명의 의사가 있었는데 하는 일은 실험, 모임, 토론… 뭐 비슷했죠.

그 후 영국의 정치 상황이 변하면서 이들은 런던에 다시 자리를 잡는다.

1580년대 런던에 실용 교육까지 같이 했던 종합대학, '그레셤 칼리지'가 설립되었는데

정부가 '새로운 시대에는 교육 받은 평민계급이 필요하다.'는 뜻을 갖고 세운 대학이지요.

이 학교는 과학에 관심 있는 사람들을 응원하고 왕실의 시원도 많이 받았는데….

1662년에 찰스 2세가 '자연에 대한 지식 증진을 위한 왕립 학회'라는 이름을 허가함으로써 영국 왕립 학회로 바뀌게 됐죠.

왕립 학회 허락함

로버트 보일, 윌리엄 페티, 크리스토퍼 렌, 로버트 훅 등이 참가하여 활동한 이 학회는

민간단체 같은 성격에다가 개방적이었기 때문에

18세기 말까지 마치 사교 클럽 같은 활동들을 했죠.

1870년경 단지 귀족이란 이유로 회원이 됐던 사람들을 내쫓을 때까지

영국 상류층 사람들에게는 왕립 학회에 가입하는 일이 유행처럼 번질 정도였으니까요.

회원증

그러나 왕립 학회는 국가의 지원을 전혀 못 받았기 때문에

단 한 푼도 안 받았다고

기부금을 모으거나 회비를 걷는 등 스스로 비용을 마련해야 했지요.

회비 두 달치 밀렸어—

그도 그럴 것이 이 시기 영국은 정치적 변동이 커서 국가에 돈이 없었고

영국 역사

지주 계급과 상인들만 돈이 있었거든요.

지주   상인

왕립 학회는 또 정치의 소용돌이에 휘말리지 않도록 조심해야 했고

나라가 계속 어려우니……

신학, 형이상학, 도덕, 정치 등에 함부로 참견하면 큰일 나지.

이 때문에 실용 사업만 연구해야 했다.

공예, 원동기 같은 기계에 대해서만 연구하라고.

이렇게 상공업에 대한 과학자들의 연구 덕분에 산업혁명이 일어날 수 있었던 거지만요.

프랑스 과학 아카데미 또한 비공식적인 모임에서 출발했다.

돈 많은 귀족들이 도와줘서 재정이 빵빵했거든.

우리는 상공업으로 번 돈에 의지하는 영국과는 달랐다고.

굳이 도시에 몰려 있을 필요도 없었기 때문에 한적한 시골에서 시작했다고.

과학자이면서 스스로 과학의 통신원을 자처했던 메르센은

난 과학자들과 편지를 주고받으면서 새로운 연구 결과를 사람들에게 알리는 다리 역할을 했다네.

갈릴레이 선생 편지 잘 받아 보았소 그런데……

덕분에 편지 배달하는 나만 고달프다고요 뭐-

자신의 집에서 페르마, 파스칼 등과 함께 과학 모임을 열곤 했다.

오늘은 몽모르 씨 집에서 한번 모여 볼까?

그집 음식이 꽤 맛있던데

그 모임을 기반으로 과학 아카데미가 만들어졌다.

휙릭

우리의 목적은 자연에 대한 새로운 지식을 대중들에게 널리 알리는 데 있었지요.

그 후 프랑스 정부에 재정 지원을 요청했고

과학이 발전하면 프랑스도 같이 발전하는 거예요. 그죠?

아무튼 좋은 게 좋은 거 아니겠어요?

.....

재상 콜베르

이 제안을 정부가 받아들이자 모임을 다시 만들었다.

좋아요. 프랑스의 공업 발전을 위해 왕실이 과학 아카데미를 지원하겠소.

프랑스 과학 아카데미와 영국 왕립 학회의 다른 점이라면?

일단 우리는 국왕이 주는 봉급을 받는다고

그리고 국왕이 원하는 연구를 일주일에 두 번 모여서 함께 풀어 나가는 거지.

오늘은 문제 푸는 날

.....

ㅈㅈㅈ

재정 지원도 풍부하겠다, 연구 시설 훌륭하겠다, 그러니 남아메리카 탐험이나 지구의 크기 재기 같은 큰 실험도 할 수 있었지.

별부터 호수 안에 사는 작은 미생물까지 폭넓게 연구했지요.

이 장면은 1671년 루이 14세가 과학 아카데미를 방문했을 때의 모습이랍니다.

그런데 사실 지원이 빵빵한 게 꼭 좋은 일만도 아니야.

국가가 시키는 자질구레한 일들도 해야 했거든. 왕실의 확률 게임이나 궁전 정원의 분수를 만드는 일이라든지….

왕궁 업무

뭐, 이때는 군함 만드는 일보다 루이 14세의 위엄을 돋보일 수 있는 장식품을 만드는 게 더 중요했으니까.

한편 학회들이 발전함에 따라 과학자들은 서로 공식 문서로 만남과 토론을 하게 됐고

처음엔 그저 지난번 모임에 안 나온 애들한테 뭘 했는지 알려 주는 정도였는데

이게 점점 여러 사람들에게 자료로 가다 보니….

그것이 출판의 형태로 발전했다.

과학

과학의 새로운 발견이나 실험을 다룬 내용이기도 했고요.

신간

모든 학회가 토론회 같은 것들을 실은 기관지를 냈지요.

영국 왕립 학회 기관지 『필로소피컬 트랜잭션』 (1666년)

OF THE PRESENT
IncerlI, scurr WAr
OF THE
INGENIOUS
IN MANY
CONSIDERABLE PARIS
OF THE
WORLD
VOL I
For Aong 1665 and 1666

프랑스 과학 아카데미 기관지 『주르날 데 사방』 (1665년)

Du Lnndy V. Invitt. M. DC. LXV
Par le Sicur DE HEDOUVILLE
A PARIS.
Chez IEAN CUSSON, ru'S. Ia
ge deS. ICan Baptête
M. DC. LXV.
AVEC PRIVILEGE DU ROY.

특히 영국 왕립 학회 기관지 『필로소피컬 트랜잭션』은 정기간행물이란 점이 이전의 기관지들과 다르고요.

지금까지도 나오는 최고의 학술 잡지 가운데 하나지요.

오늘은 왕립 학회 기관지 나오는 날

연구 결과들의 교류로 과학자들은

음…, 얘네들은 이런저런 실험을 했구나.

59

정확한 실험을 할 수 있는 기구의 필요를 느껴

크~, 나도 하고 싶은데 이런 기구가 없군.

목마른 사람이 우물 판다고 까짓 거 만들지, 뭐.

여러 실험 기구들을 발명하기 위해 힘썼다.

그래서 더욱 발전한 것이 망원경!

이 망원경은 천문학을 위해 만들었지만 빛의 이론을 세우는 데도 썼고, 그 후 현미경으로 발전해서 생물학에도 기여했죠.

또 공기펌프의 발명은 기압계를 만들 수 있게 했고, 진공의 문제나 기체역학 등을 이끌어 내는 데 이바지했고요.

망원경

공기펌프

그러나 프랑스와 영국의 학회 활동이 충실히 진행된 기간은 상대적으로 짧았다.

1690년에는 양쪽 모두 쇠퇴해 버렸지요.

18세기에 부활한 학회들은 사실 새로운 시작이라고 할 수 있죠.

이들 학회를 본받아 유럽 각지에 학회가 세워지기까지는 어느 정도 시간이 걸렸다.

독일에는 1620년대 로스토크에 학회가 생겼다 금방 사라진 후로

1700년 베를린 과학 학회가 생길 때까지 자체적인 학회를 갖지 못했죠.

그 후 1725년 상트페테르부르크, 1759년 뮌헨, 1786년 스톡홀름에 각각 학회가 생겼습니다.

17세기
천문학

코페르니쿠스의 이론은 혁명이라 불릴 정도로
파장이 컸는데

뭐가 옳은 건지 정신을 차릴 수 없네.

이럴 때일수록 정신을 바짝 차려야 한다고.

분명한 건 이제 더 이상 진리는 하나가 아니라는 거야.

그러니 생각을 좀 더 잘해야 해.

전처럼 맘 푹 놓고 성경만 믿을 수 없어졌잖아

또 지동설과 천동설 가운데 하나를 골라야 하고.

끄응….

이거나 저거나 관측한 거랑 잘 안 맞아 떨어지는 건 매일반인데….

맞아, 맞아. 관측 결과가 정확해야 천문 현상을 계산하고 체계를 세워 볼 텐데….

이러한 시대의 요구에 발맞춰 정밀 관측의 시대를 연 것은 티코 브라헤였다.

이제까지 역사에서 유래를 찾아볼 수 없는 천재적인 관측자가 등장하는 것이제.

티코 브라헤
(1546~1601)

덴마크의 헬싱보리 지방에서 태어난
티코 브라헤는

큰일 났어요. 아이가
없어졌어요!

어릴 때 아이 없는 삼촌에게 유괴되었다가

우리 아기 못 봤어요?

나중에 가족의 동의를 얻어 삼촌의 양자가 되었다고 한다.

우리가 얼마나 찾아
헤맸는지 알아욧!

미안해요. 잘 키울 테니
내게 맡기구려.

……

14세 되던 해 법률을 공부하기 위해 코펜하겐 대학에
입학한 브라헤는

남자가 제대로
된 직장을
얻으려면 법학을
해야 하는
기라.

예.

곧 천문학에 관심 갖게 되었다.

코펜하겐에서
일식을
봤다나 봐.

일식도 일식이지만 일식을 예언한
천문학자들에게 더 흥미를 가졌고

그래서
일식 계산하는거
공부하려고?

예.

그는 『알마게스트』로 천문학을 공부하기 시작했으나

일식 계산 정도는
일찌감치 뗐고…. 요즘은
관측까지 한다나 봐.
어때, 재미있니?

예.

삼촌의 반대로 인해

법률 공부 열심히 하고 있는 거지?

…예.

1565년 삼촌이 세상을 떠날 때까지 과학 공부는 비밀리에 했다.

이제야 맘 놓고 공부할 수 있겠구먼.

예.

자네 요즘 목성과 토성이 지구랑 일직선이 되는 현상을 연구한다지?

예!

그래, 어떤가? 아무리 좋다는 천문 계산표로 예측을 해도 실제와 다를 때가 많지?

예….

그래. 그래서 천문학엔 측정을 정확히 할 수 있는 새로운 기준이 필요한 게야.

예!

어떤가? 자네가 그 오류들을 바로 잡아야겠다는 생각은 안 드나?

예!

그럴 생각이 있는 거지?

예!

나 잘생겼지?

예?

회들짝

예….

63

1572년, 하늘엔 유난히 빛나는 별 하나가 떴다.

카시오페이아 자리에 갑자기 새로운 별 하나가 뜨더라고.

이봐, 브라헤. 저 별, 전에는 없었던 거 맞지?

예!

근데 이번 발견은 모두 다 목격한 거라 무시할 수 없었지.

사실 고대 그리스의 히파르코스도 새로운 별을 발견했지만 천상계는 완전하다고 믿었기 때문에 무시당했어.

천문학자들도 골치 아팠어.

이걸 별이라고 인정하자니 '천상 세계에 변화란 있을 수 없다.'고 한 아리스토텔레스의 우주론과 안 맞는단 말이지.

그래서 어떤 학자들은 별이 아니라는 주장을 하기도 했지.

저건 대기를 떠돌고 있는 미지의 물체일 뿐이야

…‥‥

그러나 브라헤는 이 별을 몇 주 동안 관측한 끝에

이 별이 다른 별과 다르지 않다는 걸 확인했지.

왜냐면 이 별은 빛나면서 떠돌아다니지 않고, 달보다도 훨씬 멀리 있었거든.

별 증명서

인

브라헤는 이 별에 대한 관측 결과를 1573년 책으로 펴냈지.

신성

이 책이 나오자마자 티코 브라헤는 유명해졌지만

논쟁의 중심에 서기도 했어.

….

이 얘기가 맞다!

틀리다

결국 신학자들은 이것이 새로 나타난 별이 아니라는 결론을 내렸지.

이건 원래 있던 별인데 단순히 관찰되지 않았던 것 뿐이야

브라헤는 엉터리야

브라헤는 이런 것들에 주눅 들지 않았고

인정 안 하면 말라지, 뭐. 그치?

예.

비난에 대해서도 담담했다.

먹고살 만큼 돈 있겠다, 살던 나라도 신교라서 교회 눈치 볼 필요도 많이 없겠다…

결정적으로 왕도 브라헤를 예뻐했걸랑.

난 자네가 가톨릭의 비난을 받는 것에 신경 안 쓴다네.

그리고 벤 섬에 새로운 천문대를 세워 줄 테니 거기서 맘껏 연구해 보게나.

그는 자신이 직접 설계한 대형 관측기구들을 벤 섬의 천문대에 설치했다.

브라헤는 동서남북을 향해 세운 벽에 커다란 사분의★를 그려 넣기도 했고

밖으로는 바람의 방해를 받지 않도록 움푹 들어간 곳에 금속제 기구들을 세웠지.

이 기구들은 크기가 큰 만큼 눈금도 컸기 때문에 정밀한 관측이 가능했다고.

★ 사분의-망원경이 발명되기 전에 사용한 천체관측기.

이렇게 관측한 결과들을 서로 비교하면서

이 기구와 저 기구의 관측 결과가 다르잖아?

기구들 하나하나마다 철저하게 오차를 기록했지.

이런 노력들은 브라헤가 워낙 꼼꼼했기 때문에 가능한 거였어.

그러다 브라헤는 중요한 사실 하나를 깨달은 거야.

그건 바로 어느 정도는 오차를 인정해도 된다는 거였지.

오차를 미리 짐작하여 '허용 오차'를 정해 놓는다면

허용 오차

오차가 조금 발생하더라도 큰 문제는 없을 거라는 말이지.

예.

아주 유연한 사고야 많이 컸어

이렇게 브라헤의 관찰이 점점 정확해지는 동안

아리스토텔레스의 우주관을 뒤흔들 두 번째 일이 터졌다.

그때가 아마 저녁밥 먹을 때쯤이었을 거야.

이 섬에서 관찰을 시작한 지 1년쯤 지났을 때였나?

나타난 거야. 밝고 커다란 혜성이 말이지.

이 혜성은 사람들의 온갖 상상을 불러일으켰는데

사람들은 난리가 났지. 모두들 불안해한 건 물론이고…

이 시대엔 혜성을 재앙의 징조라고 해석했으니까.

혜성이 불길하다는 생각은 어디까지나 아리스토텔레스의 얘기에서 나온 거지. 그렇죠, 선생?

그렇지. 혜성은 뜨거우면서도 건조하기 때문에 대기를 메마르게 해 전염병이 돌 수 있는 환경을 만들거든.

그런데 브라헤는 혜성을 조금 다르게 생각했지.

과학적인 관찰을 계속한 끝에

혜성의 궤도가 달 밖으로 지나간다는 걸 밝혀낼 수 있었지.

이건 아주 중요한 발견인데……

아리스토텔레스는 혜성이 지구 대기에서 일어난다고 했는데

일단 그것은 아니라는 게 증명된 셈이지. 게다가 혜성이 달 밖으로 궤도를 그린다는 건

지구 대기

말 그대로 천구 안에서는 일어날 수 없는 일이니까…

천구

천구라는 게 존재할 수 없다는 결정적인 증거가 나온 셈이지.

이렇게 브라헤의 관측은 아리스토텔레스 우주론을 해체했으나

특별히 그럴 생각은 없었대요, 그치?

뭐야, 너! 나한테 특별히 유감 있나?

예!

68

그렇다고 브라헤가 코페르니쿠스의
우주관을 받아들인 것도 아니었다.

그럼 뭐야.
이도저도
다 아니라면….

브라헤는 독실한 신자였거든요.
코페르니쿠스가 성경에 반박한 게
기분 나쁘대요.

수학으로 단순하게 계산
된다는 건 맘에 들지만.

그러니 어쩐다….
코페르니쿠스처럼
비상식적이지
않으면서 천문
관측 결과에서
벗어나지 않는
독자적인 체계를
고민 중이래요.

짜식, 따지는 것도 많군.
고민 다 했냐?

…예.

이리 줘 봐.

….

툭—

어디 보자. 음…, 이것저것
섞어 놨군. 그렇지?

…..

이것이 브라헤의 우주론이다.

오호, 지구는
우주 중심에
고정되어 있고
달과 태양이
그 주위를
회전하는군요.

음…, 그리고
다른 행성들은
태양 주위를
돌고 있단
말이지.

브라헤의 우주론은 근대 천문학으로 보자면 일시적인 후퇴일 수 있지만

다른 방향에서 보면 보수적인 우주관을 내쫓는 데 상당히 기여했고

브라헤 우주론

천동설과 지동설의 장점들을 적당히 절충함으로써

천동설 · 지동설

오히려 두 이론의 차이점을 명확히 보여 줬지.

천동설

지동설

그래서 당시 위기감을 느끼던 교회도 호의적인 평가를 했고

선교사들이 중국, 조선 등에 우주론을 전파할 때도 브라헤의 우주관을 사용한 거야.

브라헤의 우주론   중국

브라헤는 말년에 신성로마제국의 황제 루돌프 2세의 후원을 받았는데

이 왕은 연금술이나 점성술을 무척이나 좋아했거든.

이곳에서 그는 케플러를 만났다.

저…저를 제자로 받아 주시겠어요?

예!

케플러는 독일의 뷔르템베르크에서 태어났다.

귀족인데도 집이 가난해 고생 많이 했지요. 천연두로 죽을 뻔도 했고….

케플러 (1571~1630)

아버지는 용병으로 전쟁에 나가 돌아 가셨고, 어머니는 마녀재판에 휘말려 화형당할 뻔하기도 하고….

내 팔자야

18세 땐 신학자가 되기 위해 튀빙겐 대학에 들어갔지만

그것도 점차 싫증이 나던 때쯤…

수학과 천문학을 가르치는 메스트린 교수님을 만났지요.

우린 바로 눈이 맞아 버렸죠.

멋진 선생님!

똑똑한 제자!

코페르니쿠스의 신봉자였던 메스트린의 영향으로

멋져! 훌륭해!

코페르니쿠스 학설

케플러도 곧 코페르니쿠스 학설에 빠져 버렸고

코페르니쿠스 학설

정말 멋진데요, 선생님?

수학과 천문학 쪽으로 진로를 바꿨다.

때맞춰 그라츠에 수학 교사 자리가 나더라고요. 이게 내 팔자지 싶던 걸요.

그라츠에서 케플러는 천문학뿐만 아니라 점성술도 연구했다.

사실… 난 점성술을 그리 믿진 않았어요.

천문학이 낳은 어리석은 딸이라고나 할까?

점성술로 무언가를 맞춘다 해도 어쩌다 나오는 행운 정도겠죠.

71

하지만 그 어리석은 딸이 벌어다 주는 게 없었더라면 어머니인 천문학은 굶어 죽고 말았을 거예요.

왜 그런 말도 있잖아요. '신은 모든 생명에게 살아갈 수단을 주신다.'라는…. 뭐, 난 점성술을 그렇게 생각해요.

게다가 내가 낸 예언 달력들은 다른 점성술사들이 쓰는 원칙을 거의 쓰지 않아도 운 좋게 다 들어맞았거든요.

대단하다 전쟁을 예언했어

그뿐 아니야 올 겨울이 너무 너무 춥다는 것도 맞았잖아

그러나 케플러는 우주에 대해서는 신비주의자였다.

우주는 신이 설계한 거라서 기하학적이고 조화로울 수밖에 없지요.

그래서 난 항상 우주의 신비를 밝혀내려고 궁리했고

결국 아주 대단한 발견을 했죠. 1596년, 『우주의 신비를 담고 있는 우주 형상에 대한 논문의 서론』이란 책에 담은 건데요.

지성이면 감천이라~

우주의 신비

그 내용이 뭐냐? 여섯 개 행성들의 천구 속에

에우클레이데스★ 기하학의 정다면체 다섯 개를 끼워 넣을 수 있다는 사실이었죠.

★유클리드라는 영어 이름으로도 많이 알려짐.

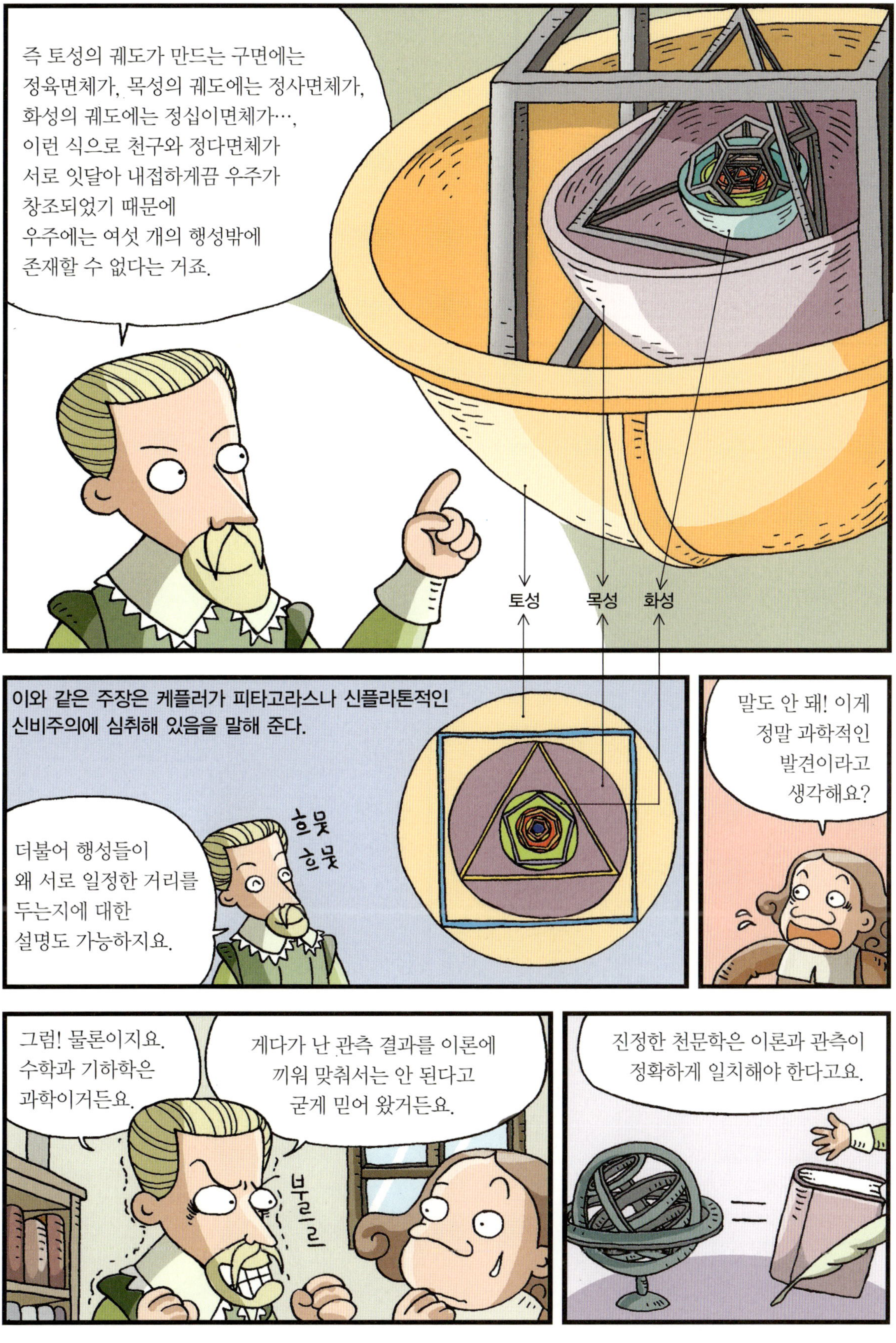

즉 토성의 궤도가 만드는 구면에는
정육면체가, 목성의 궤도에는 정사면체가,
화성의 궤도에는 정십이면체가…,
이런 식으로 천구와 정다면체가
서로 잇달아 내접하게끔 우주가
창조되었기 때문에
우주에는 여섯 개의 행성밖에
존재할 수 없다는 거죠.

토성   목성   화성

이와 같은 주장은 케플러가 피타고라스나 신플라톤적인
신비주의에 심취해 있음을 말해 준다.

더불어 행성들이
왜 서로 일정한 거리를
두는지에 대한
설명도 가능하지요.

흐뭇
흐뭇

말도 안 돼! 이게
정말 과학적인
발견이라고
생각해요?

그럼! 물론이지요.
수학과 기하학은
과학이거든요.

게다가 난 관측 결과를 이론에
끼워 맞춰서는 안 된다고
굳게 믿어 왔거든요.

부르르

진정한 천문학은 이론과 관측이
정확하게 일치해야 한다고요.

73

그래서 요즘은 수성과 토성의 이론적인 궤도가 실제 관측과 어긋나서 고민이 많답니다.

이걸 해결하기 위해선 정확한 관측 자료가 필요한데….

난 눈이 나빠서 직접 관측하기도 힘들고…… 어쩐다…

그 무렵 그가 살던 곳에는 신교도에 대한 박해가 심해졌고

여보 짐싸요 도망 갑시다

여기 더 있다간 목숨 부지하기도 힘들겠어.

케플러는 이를 피해 프라하로 이주해서

어디로 이사 갈 건데요?

글쎄…. 우선 점성술사로 먹고살 만한 곳이어야겠지?

이미 자신을 알고 있던 브라헤를 만나 제자로 들어갔다.

게다가 정확한 관측 자료도 얻을 수 있는 곳!

정말 운이 좋았지

브라헤는 케플러와 만난 그다음 해에 죽었는데

선생님, 정신 차리세요!!

죽으면서 그동안 모은 관측 자료를 모두 케플러에게 넘겨주었다.

선생님이 절 제자로 삼은 이유는 제 수학 실력 때문이었죠. 저라면 행성들의 움직임을 계산할 수 있을 거라 생각하셨대요.

그래서 돌아가실 때 이 관측 결과들을 이용해 새로운 행성 운동표를 만들라고 신신당부하셨죠.

이 관측 자료들은 정말 대단했어요. 특히 행성의 운행 자료들은….

다른 학자들은 특이한 현상이 일어날 때만 행성을 관측했지만 우리 선생님은 늘 관찰하셨거든요.

저는 이 자료들을 바탕으로 당장 화성의 궤도를 밝혀내는 작업에 들어갔지요.

다른 행성도 많은데 왜 하필 화성을 연구한 거죠?

뭐, 굳이 화성이어야 할 이유는 없었어요.

다만 저는 태양계에는 어떤 통일성이 있다고 생각해서

하나의 행성에서 얻은 결론은 다른 행성에도 그대로 적용될 거라 본 거죠.

그래서 화성의 궤도를 연구하면서 가장 먼저 한 게 뭐였나 하면

행성이 회전하는 중심에 태양을 못 박는 일이었죠.

코페르니쿠스는 사계절의 길이가 다르다는 걸 설명하기 위해 지구궤도의 중심을 태양에서 약간 떨어진 데다 뒀거든요.

중심

이건 정말 말도 안 되죠. 실제로 보이는 물체가 회전의 중심인 게 당연하지 않나요?

그건 문제가 안 되죠. 저는 무엇보다 우리 선생님이 남긴 관측 자료가 정확하다고 믿기 때문에…

10년이 걸리든 100년이 걸리든 정확한 행성궤도를 그릴 수 있는 도형을 찾을 때까지 얼마든지 다시 할 생각이 있어요.

앗 뜨거

부르르

케플러의 이런 용기는 발상의 전환을 이루었는데

운행 시간을 다르게 해 봐도 역시 계산이 안 나오고 말이야. 혹시…, 원이 아닌 건 아닐까? 그래, 다른 도형을 한번 붙여 보자.

안 맞아, 안 맞아. 아무리 해도 원궤도로는 답이 안 나와.

원궤도를 포기하는 건 가슴 쓰리지만

1609년에 발견한 타원형 궤도가 바로 그것이다.

달걀 모양? 으음, 이것도 아니고…. 어디 타원은 어떨까?

딱 들어맞아! 딱! 딱! 딱! 바로 이거야, 이거!

그래, 행성의 궤도는 타원이었던 거야.

이 발견은 천문학의 새로운 장을 열게 했다.

1609년, 『신천문학』이라는 책에 타원궤도에 대한 내용들을 정리해 발표했죠.

신천문학

케플러 저

제1법칙

여기에는 두 개의 케플러 법칙이 나오죠. 제1법칙은 '행성은 태양을 중심으로 타원궤도를 그리며 공전한다.'는 거고요.

제2법칙은 '행성과 태양을 연결하는 선분은 같은 시간에 같은 면적을 가진다.'는 거죠.

이건 무슨 뜻이냐면 같은 시간에 움직인 행성의 거리와 초점 사이의 면적은 늘 같다는 말인데…

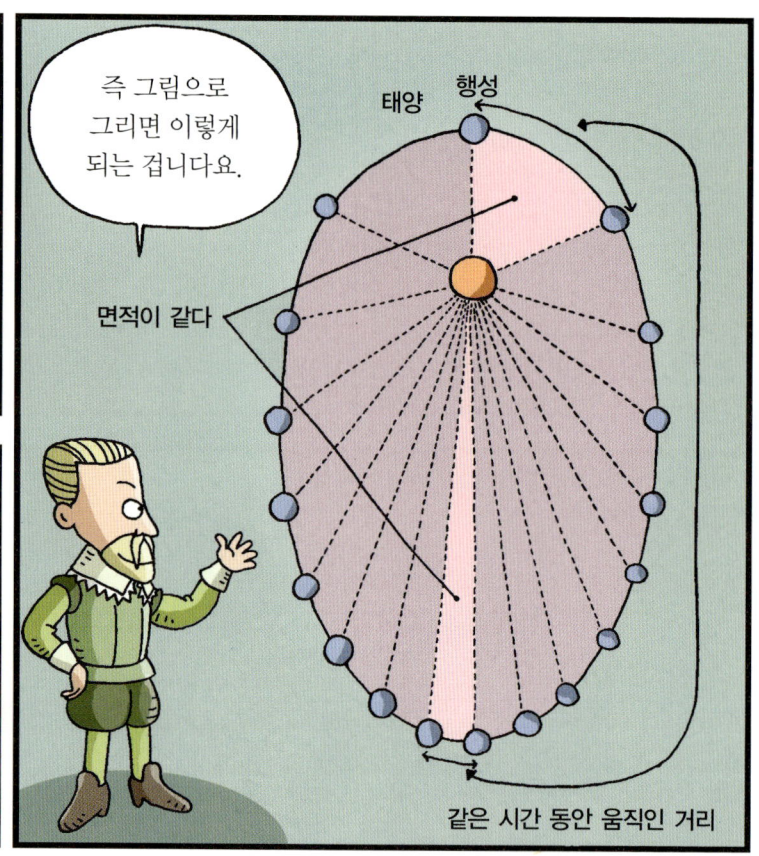

즉 그림으로 그리면 이렇게 되는 겁니다요.

태양 행성

면적이 같다

같은 시간 동안 움직인 거리

이 두 법칙 때문에 행성 운동에 대한 법칙들은 수정돼야 했죠.

일단 고대 그리스 이후 끈질기게 이어 내려오던 원궤도에 대한 믿음은 설 자리를 잃었고….

행성이 늘 같은 속도로 움직인다는 믿음 역시 깨져 버렸죠.

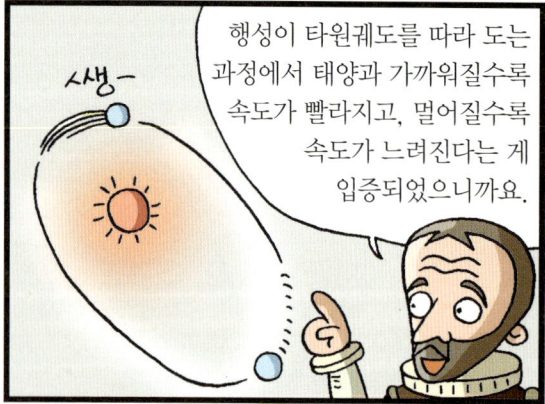

샹―

행성이 타원궤도를 따라 도는 과정에서 태양과 가까워질수록 속도가 빨라지고, 멀어질수록 속도가 느려진다는 게 입증되었으니까요.

그럼, 이 행성들의 속도가 이렇게 변하는 이유는 무엇일까?

저는 이것이 태양에서 뿜어져 나오는 신비한 힘 때문이라고 생각해요.

처음에는 이 힘이 행성을 운동하게 하는 영적인 힘이라 생각해 '운동령'이란 이름을 붙였죠.

그런데 이 힘이 점점 더 자기력과 비슷하단 걸 알게 됐어요.

왜 자석이 가까우면 끌어당기는 힘이 더 강해지는 것처럼

태양에서 나오는 힘도 가까우면 힘이 더 강해져 속도가 빨라지는 거죠.

전 이런 속성이 영적이고 신비한 것이 아니라 엄연히 기계적이고 물리적인 것이기 때문에 다시 '운동력'이라고 고쳐 불렀죠.

호오~, 당신의 천문학은 신비주의와는 점점 더 멀어지는군요.

으…, 그래서 고민이에요. 난 사실 아직도 우주는 신이 설계했다고 믿거든요.

그치만 밝혀낸 사실들은 모두 신비주의에서 멀어지는 것들 뿐이니…

정말 기구한 운명 아녜요?

아니…, 난 아직 이 새로운 행성 운동의 체계 어딘가에 그런 원리가 있을 거라고 믿어요.

부르르 —

이러한 그의 노력은 1619년 결실을 맺었다.

내가 뭐랬어요? 있을 거라 했지요? 난 찾아낸 거예요. 행성들의 속도와 화음과의 관계를 말이죠.

우주의 조화

이건 행성들 각각의 최고 속도와 최저 속도를 음계와 연결한 거죠. 우주의 성스러운 음계라고나 할까?
각 행성들이 운행할 때 내는 선율을 구분한 거지요.
토성
목성
화성
지구
금성
수성
달
피타고라스와 플라톤의 천구의 음계가 케플러에 와서 극치를 이룬 셈이군요.
상당히 집요 하군요

사실 이 천문 음계에 대한 연구는 별다른 과학적 가치는 없지만요.
뭐요? 내가 가장 뿌듯해 하는 업적을…

이 연구를 하면서 부수적으로 얻어진 케플러의 제3법칙은 아주 중요한 발견이죠.
흥

케플러의 제3법칙이란 '행성이 태양 주위를 한 바퀴 회전하는 데 걸리는 시간과 태양과의 평균 거리는 그 비율이 항상 일정하다.'는 법칙으로
공전주기=T
R
행성과 태양간의 평균 거리
T^2은 R^3에 비례한다.

이 법칙 덕분에 후대의 학자들은 행성과 태양 사이의 평균 거리나 궤도를 도는 시간 중 하나만 알아도 거리를 계산할 수 있었거든요.

그렇지! 지구와 태양 사이의 거리만 알면 지구 공전의 속도를 알 수 있다는 거지.

그 밖에도 케플러는 여러 업적들을 남겼다.

1604년 뱀주인자리★에 출현한 신성을 발견해 케플러 신성이라고 이름 붙였고요.

★뱀주인자리-뱀자리의 가운데 별.

행성의 위치를 계산한 표를 만들었지요.

후원자 이름을 따서 루돌프 표라고 불렀지요

루돌프표는 선원들이 크게 신뢰했을 뿐만 아니라

처음으로 로그를 사용해 계산한 것으로도 의미가 크답니다.

또 근시와 원시의 원인을 발견하기도 했고

망원경을 연구해 『굴절 광학』이라는 책을 냈는데

굴절 광학

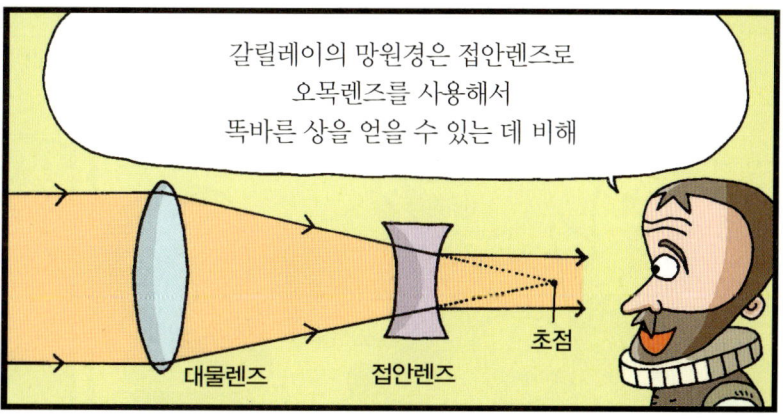
갈릴레이의 망원경은 접안렌즈로 오목렌즈를 사용해서 똑바른 상을 얻을 수 있는 데 비해

대물렌즈   접안렌즈   초점

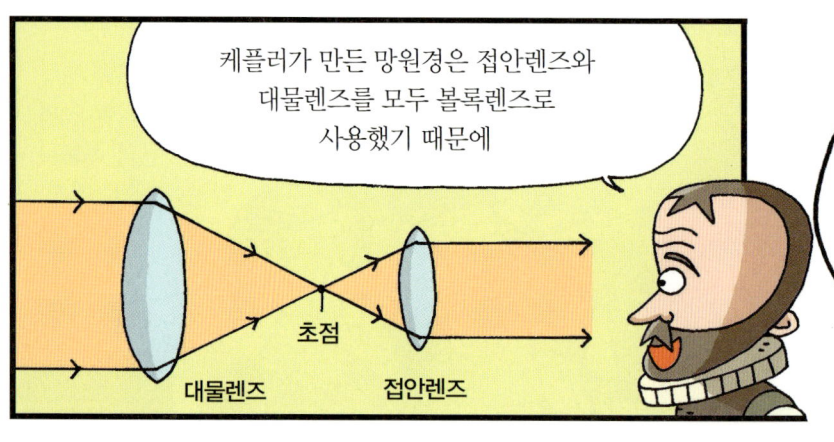

케플러가 만든 망원경은 접안렌즈와 대물렌즈를 모두 볼록렌즈로 사용했기 때문에

초점
대물렌즈   접안렌즈

상이 거꾸로 잡히기는 하지만 배율을 크게 높일 수 있다는 장점이 있었죠. 현대의 천체망원경들은 이것을 토대로 만들었죠.

에휴~, 난 이 책만 보면 눈물이 나와.

아니, 왜요?

이 책을 쓰기 직전에 아내와 아이가 천연두로 죽고

도시에 폭동이 일어나 내 후원자가 물러나 버리고 말이야. 가뜩이나 월급도 제때 못 받곤 했는데….

정말이지 어려운 시절이었지요.

무슨 팔자가 어렸지…

그 뒤 프라하에서 떠나야 했고 린츠, 울름으로 떠돌다가

슐레지엔   폴란드

독일   프라하

울름   린츠

결국 길 위에서 급사했답니다.

케플러의 저작들은 그 시대에는 대부분 이해받지 못했다.

내 팔자가 그렇지 뭐…

음, 그건 아마도 이 시대가 이해할 수 없을 정도로 생각이 뛰어나고 대담했기 때문일 거예요.

정말 그럴까요?

그럼요, 보세요.

저기 갈릴레이 같은 천재도 타원궤도를 받아들이지 못했잖아요. 그러니 얼마나 시대를 앞서 간 거예요.

그것도 다 내 팔자지 싶어.

왜 또 날 걸고 넘어지슈?

같은 시대 사람인 케플러와 갈릴레이는

같은 시대라니? 내가 여덟 살이나 더 많구먼.

발끈-

여러 모로 비교할 만한 인물들이었는데

둘 다 수학 실력이 뛰어났고 코페르니쿠스의 신봉자라는 점도 같았지만

사람들에게 설명하는 방식이 크게 달랐죠.

뭐… 다 성격 따라가는 거 아니겠소?

이 차이는 망원경에 대한 두 사람의 태도에서 분명하게 드러난다.

……

망원경은 네덜란드의 리페르세이가 1608년에 우연히 발견했다.

저는 안경 만드는 견습생이었거든요. 안경점에는 크고 작은 여러 가지 렌즈들이 있잖아요.

어느 날 렌즈 두 개를 나란히 두고 보니 밀리 있는 물체가 훨씬 가깝게 보인다는 걸 발견했죠.

저는 이 렌즈 두 개를 나무나 금속으로 된 통 속에 넣고 멀리 본다는 뜻으로 '망원경'이란 이름을 붙였죠.

그 후 망원경의 특허를 신청했지만 허가가 나지 않았어요.

그 결과 망원경은 누구나 만들 수 있는 장난감으로 온 유럽에 팔려 나갔죠.

이 두 사람도 망원경에 대한 소문을 들었어요.

케플러의 경우 앞에도 나왔듯이 망원경의 원리에 대해 연구는 했지만

직접 사용하거나 만들진 않았지요.

왜? 이 좋은 걸?

나는 망원경을 이용한 증명보다는 더 학술적인 결과를 원했거든.

게다가 티코 브라헤 선생의 관측 자료가 워낙 많아서 굳이 관측을 더 해야 한다는 생각도 안 들었고 말이지.

난 아니유. 망원경에 대한 소문을 듣는 순간 바로 이거다 싶었거든.

평소 광학도 좀 아는 편이어서 렌즈 두 개로 이루어졌다는 얘기만 듣고도 잽싸게 고배율의 망원경을 만들 수 있었다우.

무려 열 배나 되는 망원경이 었지

그리고 이 망원경을 어디에 쓸까 고민하다가 하늘을 생각해 낸 거야.

별이 총총한 하늘을
망원경으로 관찰하기
시작했는데

망원경을 어느 쪽으로
향하건 너무나
새로운 사실들이
널려 있었지.

난 그냥 눈으로 보는 것보다
훨씬 많은 수의 별들이 있다는 걸
알아냈고

하얀 띠 모양의 은하수가 실제로
희미하게 빛나는 별들이 무수히 모여
이루어진 것이란 사실을 알았지.

게다가 달에 거대한
분지와 산맥이
있는 걸 봤고,
태양 표면의
흑점이 옮겨 다니는
것도 봤다고.

달

태양

이게 뭘 뜻하는지
여러분, 아슈?
난 금방 눈치
챘는데….

이건 아리스토텔레스의 주장,
즉 달과 태양이 완벽하게 매끈한
구(球)라는 얘기가 틀렸다는
결정적인 증거라고.

아리스토
텔레스

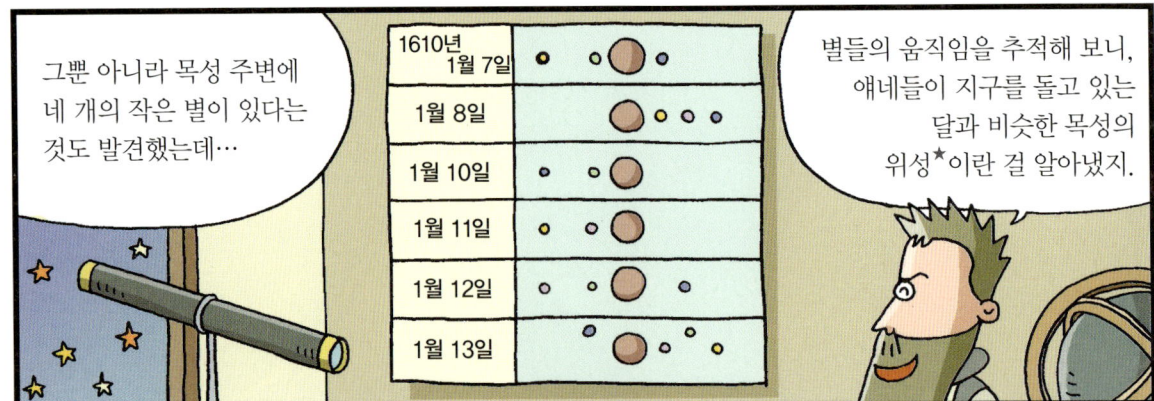

그뿐 아니라 목성 주변에 네 개의 작은 별이 있다는 것도 발견했는데…

별들의 움직임을 추적해 보니, 얘네들이 지구를 돌고 있는 달과 비슷한 목성의 위성*이란 걸 알아냈지.

1610년 1월 7일	
1월 8일	
1월 10일	
1월 11일	
1월 12일	
1월 13일	

★목성의 위성 중 가장 먼저 발견된 것으로는 이오, 유로파, 가니메데, 칼리스토.

생각해 보슈. 목성의 주위를 위성들이 돈다는 건 작은 행성이 큰 행성의 주위를 돌 수 있다는 의미 아냐?

이 얘기는 또 오래 전부터 태양중심설을 반박해 오던 사람들이 회전의 중심이 하나라고 한 말…

즉 지구가 이미 달의 회전 중심인데 또 다른 중심이 있을 수 없다는 주장을 여지없이 깨는 거였지.

크크크

후 지 통

내가 발견한 가장 결정적인 태양중심설의 증거는 금성의 변화였다우.

금성은 말이야, 그냥 눈으로 보면 언제나 둥글게만 보이거든.

그러나 망원경으로 보면 어떤 때는 반달 모양으로, 어떤 때는 초승달 모양으로 보이지.

이런 점에서 금성은 달의 모양이 변하는 거랑 비슷하지.

여러분, 달이 어떻게 빛나는 줄 아슈?

달은 스스로 빛나지 못하고 거울처럼 태양 빛을 반사해 빛을 낸다우.

달은 둥근 공 모양이어서 반쪽 면에만 태양 빛이 닿지. 그런 상태에서 지구를 돌면 우리는 태양 빛이 비추는 달의 반쪽 면만을 여러 각도로 보게 되는 거유.

그러므로 지구와 태양 사이에 달이 있을 땐 달이 보이지 않고

태양과 달 사이에 지구가 있을 땐 달의 반사면이 모두 보여 보름달로 보이는 것이지.

금성도 태양의 둘레를 돌고 있기 때문에 이렇게 달과 같이 차고 이지러지는 현상이 일어난다는 얘기야.

금성이 초승달 모양으로
보일 때는 지구랑 가까이 있고,
보름달 모양으로 보일 때는
멀리 있기 때문에

둘 다 밝기는
거의 비슷해.
그래서 맨눈으로는
구별이 안 됐던 거라고.
그러니 금성이 그냥
반짝거리는 샛별이
아니라는 거지.

태양중심설에 대해
사람들은 이러쿵저러쿵
말이 많았지.

왈 왈 왈

태양이 중심이라면 금성도 모양이
차고 이지러져야 하는데 맨눈으로는
금성의 모양이 변하는 걸 볼 수가
없었거든.

근데 이것도 망원경
하나로 보기 좋게
해결된 거지.

쪼아아악~

반 박

갈릴레이는 자신이 발견한 것에 대해 얘기하는 것을
좋아했고

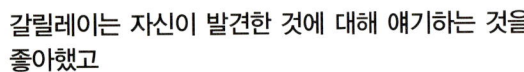

그럼, 그럼. 이 재밌는 걸
혼자서만 알고 있을 수 있나?

또 재능 있는 작가이기도 했다.

연구물들을
아름답고 알기 쉽게
써낼 수 있었대요.

히히히~,
쑥스러워라.

그는 1610년 지금까지 관찰한 천문학 결과를 정리한 책을 냈다.

신간
저자: 갈릴레이

별에 관한 보고서

과학서의 새로운 장

이 책으로 그는 유럽에서 유명해졌고

사인 좀……

왜 안 그렇겠수? 돈도 많이 벌었다우.

많은 천문학자들에게 자극을 주었다.

너도 나도 망원경을 만들어 하늘을 관측했고 내 말이 맞다는 걸 확인했지.

바로 이 점이 갈릴레이와 케플러의 차이점이죠.

갈릴레이는 태양중심설이 옳다는 걸 눈에 보이는 것으로 아주 손쉽게 증명한 반면

케플러의 책들은 수학자가 아니면 알아보기도 힘들 정도였으니까요.

케플러

그러나 가톨릭교회는 이 새로운 사상을 인정하지 않았으며

뭐, 이런 사기꾼 같은 학설을 가지고 난리람?

발끈

사기꾼이라니?

그의 견해가 잘못됐다는 성명서를 내기도 했다.

휘리릭—

엉터리라고?

갈릴레이의 의견은 엉터리! 이단인 데다 아리스토텔레스의 권위에 도전하는 몹쓸 거예요.

이를 해명하러 갈릴레이는 1611년 로마로 갔으나

교황한테 직접 망원경을 보여 줄 거유. 직접 보면 암 말 못하겠지.

갈릴레이의 노력에도 불구하고 그의 의견은 계속해서 이단이라고 여겨졌다.

아, 이거 한 번만 보면 확실해진다니까요.

난 그런 속임수엔 안 넘어가. 그걸 왜 봐? 목성에 위성 같은 게 있을 리 없는데.

그렇고 말고. 태양에 반점이 어딨어? 그건 망원경에 먼지가 껴서 그런 걸 거야.

대기 번호 8

결국 1615년 갈릴레이는 로마의 이단 심문소에 불려 나갔다.

왜 이 자리에 불려 왔는진 알겠지?

나도 눈치는 있수.

태양중심설을 포기해. 이단임이 결정 났어.

교황님, 저는 정말 독실한 신자거든요?

어차피 성서에는 자연에 대한 언급이 별로 없잖아요.

....

그러니 과학자들은 성서와 별 충돌 없이도 자연 탐구를 할 수 있는 거거든요.

믿어 주세요 네?

좋아. 나도 유명한 학자를 처벌했다는 얘기는 듣고 싶지 않으니까.

그렇죠?

단, 조건이 있네. 앞으로 더 이상 자신의 의견을 발표하지 말 것.

예에?

그리고 아주 중립적인 태도로 지구중심설과 태양중심설을 다루는 책만 쓴다면 한 번 봐주도록 하지.

······

그러나 갈릴레이는 결코 자신의 생각을 바꾸지 않았고

흥, 그럼 내가 갈릴레이가 아니유.

많은 시간을 들여 다음 책을 써냈다.

천문 대화

이 책의 진짜 이름은 『프톨레마이오스와 코페르니쿠스 두 개의 세계에 관한 대화』인데 줄여서 『천문 대화』라고 부른다우.

이 책은 코페르니쿠스설을 지지하는 사람과

프톨레마이오스의 의견을 지지하는 사람, 그리고 중립적인 사회자 세 사람이 대화 형식으로 우주에 대해 논쟁하는 내용인데…

한판 붙자!

결국 누가 이기냐면…, 알지? 코페르니쿠스설을 지지하는 사람이 승리한다는 거. 너무 속 보이냐? 히히.

사실 이 책은 태양중심설이 가설이라는 걸 밝히고

지구중심설에도 유리한 근거를 소개하기로 약속을 해서 출판을 허락받았지만

…

내가 그 약속을 지켰겠어?

앙~

게다가 난 이 책을 나한테 호의를 좀 가지고 있던 교황, 우르바누스 8세에게 헌정하는 형식으로 썼는데

…

쑥덕 쑥덕

나를 싫어하던 사람들이 이 책에서 결국 논쟁에 지는 사람이 교황님이라는 말을 지어낸 거유.

이러니 여러 가지 괘씸죄에 걸렸고 결국 1633년 종교재판에 불려 나갔다우.

교황청도 약이 많이 올랐겠지. 사실 난 라틴 어가 아닌 대중적인 이탈리아 어로 썼기 때문에

글을 읽을 줄 아는 이탈리아 사람들은 벌써 다 읽어 버린 거야. 게다가 재미도 있었고….

그러니 코페르니쿠스 세계관은 걷잡을 수 없이 많은 사람들의 입에 오르내리게 됐고

화가 날 만도 하지

교회는 나에게 참회복을 입힌 후 이단적인 학설을 취소하라고 협박했지.

원래 종교재판이란 게 좀 험해. 신부가 재판관을 하는데 말이지.

이단의 혐의를 자백할 때까지 고문하고

결국 이단이라고 자백하면 화형시켜 버리곤 했지.

이미 1600년에 브루노란 사람이 태양중심설과 함께 우주엔 태양계 같은 것들이 많이 있다고 주장해서 처형당했거든.

종교재판 결과 화형당하는 사람이 많은 시대인데, 까딱 잘못하면 나도 죽게 생겼지 뭐유.

난 교황이 두 개의 세계관에 대한 책을 쓰는 걸 허락했다고 주장했지만

뭐, 씨도 안 먹히더구면. 결국 내가 나이가 많고 병도 앓고 있으니, 잘못을 시인만 하면 처벌을 안 한다고 꼬시길래 넘어가 줬지.

결국 갈릴레이는 공개적으로 자신의 잘못을 시인했고 남은 생애를 가택 연금 상태로 지내게 된다.

내 의견을 취소합니다!

더 큰 소리로 말한다, 실시!

망할! 내가 그렇게 생각할 거 같으면 갈릴레이가 아니다.

그래도 나, 그렇게 불쌍하게 볼 것 없수. 내 비록 주장을 번복하긴 했지만…

내가 신념을 안 꺾었다는 건 후세 사람들도 다 알아줬으니까.

가택 연금만 해도 뭐, 친구네 집이었으니까 그리 불편하지도 않았거든.

특히 과학 연구에 대해서는 별반 제약이 없는 편이었지.

난 이곳에서도 계속 연구를 했는데 늘그막에는 눈이 안 보여서

더듬

제자를 시켜 받아 쓰게 하면서까지 책을 완성했지.

비비아니

결국 내가 쓴 중요한 책 가운데 하나인 『신과학 대화』는 몰래 원고를 빼돌려

종교재판의 영향이 적은 네덜란드에서 내기도 했거든. 어때? 통쾌하지?

갈릴레이의 연구가 모두 옳은 건 아니지만

케플러의 업적을 전혀 이해 못 한 거라든지.

그 얘긴 그만 좀 하지?

의지를 꺾지 않았던 삶과

공공의 적이란 이유로 장례도 못 치르고 묘지도 못 썼거든.

결국 1992년이 되어서야 교회가 내게 내렸던 유죄 판결은 잘못이라고 밝혔지.

인간다운 면모는 많은 사람들에게 기억되었다.

많은 사람들은 내 말년의 쓸쓸한 모습보다는 내가 법정에서 돌아오면서 "그래도 지구는 돈다."라고 대담무쌍하게 얘기했다는 걸 더 기억하잖수?

설령 내가 그런 말을 안 했다 쳐도 사람들이 그렇게 추측한다는 건 내 신념을 그만큼 인정한다는 거니까 어쨌든 기분은 좋지.

독일 천문학자 헤벨리우스는 케플러의 후계자로 여겨지는데

휴~, 저는 이제야 나오는군요.

헤벨리우스
(1611~1687)

법률을 공부하고 고향인 단치히에서 시 공무원도 했지만

뭐, 이런 경력들을 소개하려고 한 건 아니고요.

결국은 취미였던 천문학을 연구했다.

진짜, 진짜 자랑하고 싶었던 건 이쪽 얘기죠.

저는요, 바람의 영향을 받지 않는 천문대를 세웠답니다.

이 천문대는 회전하는 커다란 천막을 장치해서 날씨와 상관없이 천체를 관측할 수 있었고요.

정교한 육분의나 사분의는
물론 도서실, 개인용 인쇄기를
갖춘 멋들어진 천문대였지요.

아 참, 이 망원경
보셨어요? 이건 세상
어디에도 없는 기다란
망원경이라고요.

사실 헤벨리우스는 그다지 망원경에 의존하지 않았다고 한다.

실제로도
망원경과 2~3'의
오차 밖에 나지
않았고요.

육분의만 해도
거의 오차가
나지 않을
거라고
확신했거든요.

그의 가장 큰 업적은 처음으로 달 지도를
그린 것이다.

1647년에
나온 책인데
천문학의
새로운 분야를
연 책이라고
평가받죠.

월면지

굴절 망원경을 사용했고요,
달의 검은 반점들을
물의 집합이라고 생각해서
'한랭의 바다'나
'폭풍의 대양'이란
이름을 붙였죠.

또 산이나 산맥에 '아펜니노
산맥'이나 '카르파테스 산맥'
같은 이름을 붙였고요.

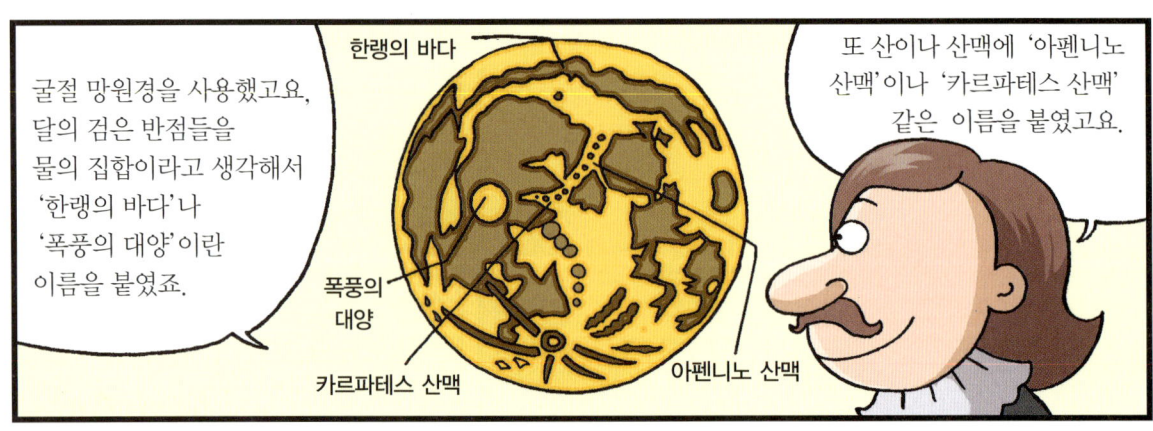

한랭의 바다

폭풍의
대양

카르파테스 산맥

아펜니노 산맥

헤벨리우스는 혜성의 움직임도 세밀하게 관측했다.

1668년 『혜성지』라는 책을 발표했는데

혜성이 '포물선궤도를 그리며 운동하는 천체'라는 것을 처음으로 지적했죠.

유럽의 국립 천문대들은 거의 비슷한 시기에 세워졌는데

영국의 그리니치 천문대는 1675년, 찰스 2세의 허가로 만들어졌죠.

프랑스의 파리 천문대는 1667년, 재상 콜베르의 청을 받아들인 루이 14세가 만들기 시작했고요.

모두 망원경을 기본 장비로 준비했다.

이런 망원경들을 옥상뿐 아니라 마당에도 세웠다더군요.

일반적인 근대 천문대의 구성을 갖춘 거죠.

파리 천문대의 초대 대장은 이탈리아 인 카시니였는데

카시니
(1625~1712)

갈릴레이의 제자 카발리에리한테 천문학을 배운 그는

원래는 성직자가 될 생각이었는데 이 선생님을 만난 인연으로 볼로냐 대학의 천문학 교수까지 지냈지 뭐야.

처음에는 주로 태양을 관찰했다고 한다.

그러다가 성능 좋은 망원경을 얻는 바람에 행성에까지 관심을 돌렸지 뭐야.

그는 1665년 목성의 자전주기를 밝혔고

목성엔 남위★ 20° 부근에 붉은색 점(대적점)이 있는데

이 점의 변화와 목성에 있는 위성의 그림자를 관찰하면 목성의 자전주기가 9시간 56분이란 걸 알 수 있거든.

이와 비슷한 방법으로 화성의 자전주기도 계산할 수 있었단 말이지.

대적점

자전 시간

★ 남위–적도로부터 남극에 이르기까지의 위도.

갈릴레이가 발견한 목성의 네 개 위성의 운행표도 계산했다.

이 표는 바다 위에서 경도를 결정하는 데 중요하게 쓰였지.

또 카시니는 홍수 조절에 관한 논문을 몇 편 썼는데

응용수학 분야에 대해서도 폭넓게 실험했지.

그 업적을 인정한 루이 14세는 그를 파리로 초청해

컴온~.

날 과학 아카데미 회원으로 초대했지 뭐야.

1671년 파리 천문대의 대장으로 임명했다.

내가 무지하게 맘에 들긴 했나 봐.

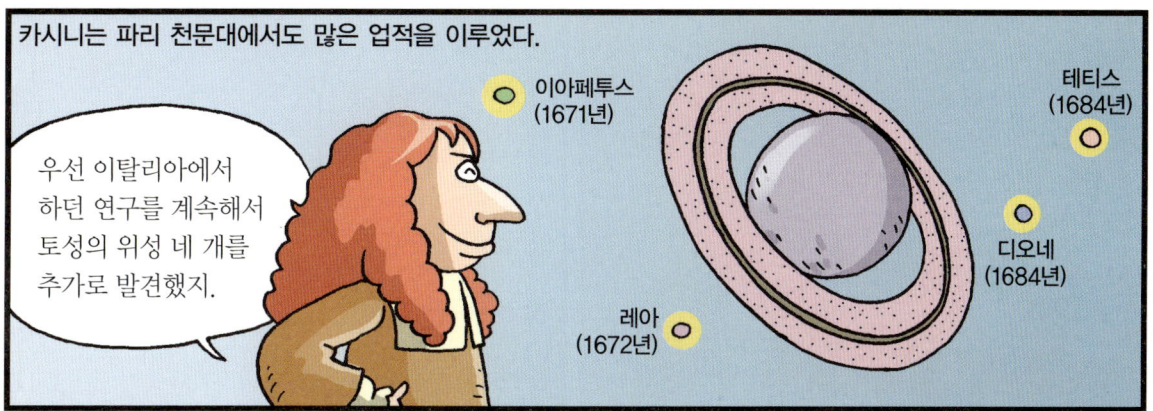

카시니는 파리 천문대에서도 많은 업적을 이루었다.

우선 이탈리아에서 하던 연구를 계속해서 토성의 위성 네 개를 추가로 발견했지.

이아페투스 (1671년)

테티스 (1684년)

디오네 (1684년)

레아 (1672년)

그리고 토성의 고리 사이 틈(카시니 간극)을 발견했고

카시니 간극

토성의 고리가 하나씩 구별할 수 없을 만큼 작은 위성의 무리로 이루어져 있을 거라고 추측했지.

또 카시니는 황도광을 연구하여

황도광이란 해 진 후의 서쪽 하늘이나 해 지기 전의 동쪽 하늘에 황도를 따라 원뿔 모양으로 퍼져 보이는 희미한 빛의 띠인데

이게 황도예요

천구의 북극

추분점

지구

태양

춘분점

천구의 적도

황도

천구의 남극

사람들은 황도광을 기상 현상으로 생각했지만 나는 천문 현상 가운데 하나라고 생각했지.

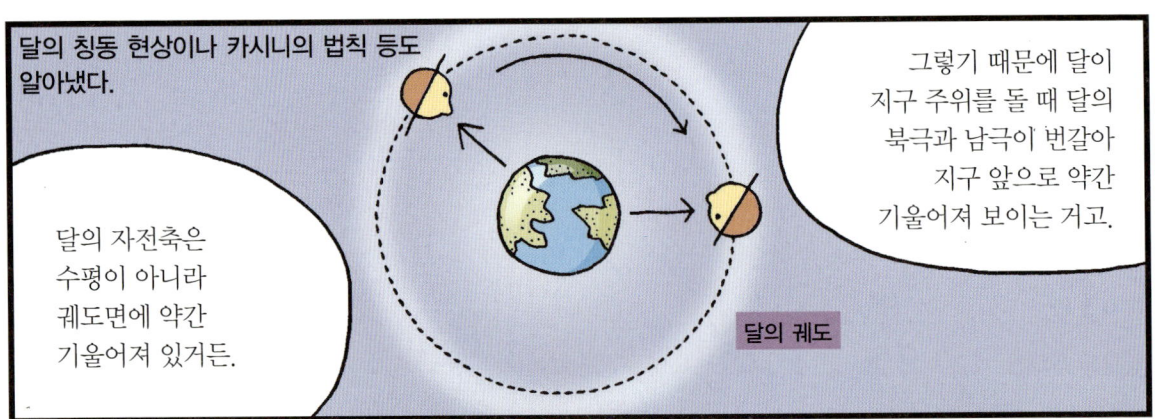

달의 칭동 현상이나 카시니의 법칙 등도 알아냈다.

달의 자전축은 수평이 아니라 궤도면에 약간 기울어져 있거든.

그렇기 때문에 달이 지구 주위를 돌 때 달의 북극과 남극이 번갈아 지구 앞으로 약간 기울어져 보이는 거고.

달의 궤도

이때 사람이 머리를 끄덕이는 것처럼 달은 앞뒤 운동을 하는데 이것을 '칭동'이라 하고

끄덕

끄덕

정면에서는 안 보이는 ○ 부분이 보인다.

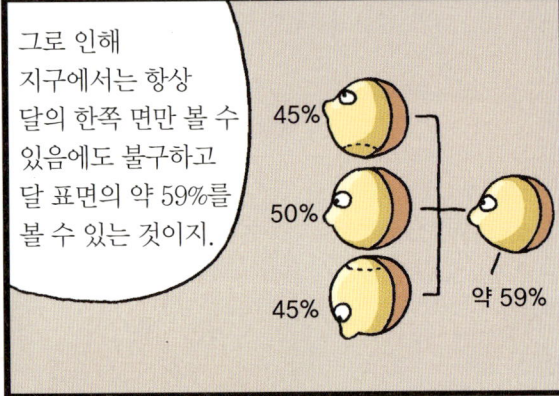

그로 인해 지구에서는 항상 달의 한쪽 면만 볼 수 있음에도 불구하고 달 표면의 약 59%를 볼 수 있는 것이지.

45%

50%

45%

약 59%

보수적이었던 카시니는 케플러의 이론을 받아들이지 않았고

보수적이라니, 지동설도 일부 받아들였구먼.

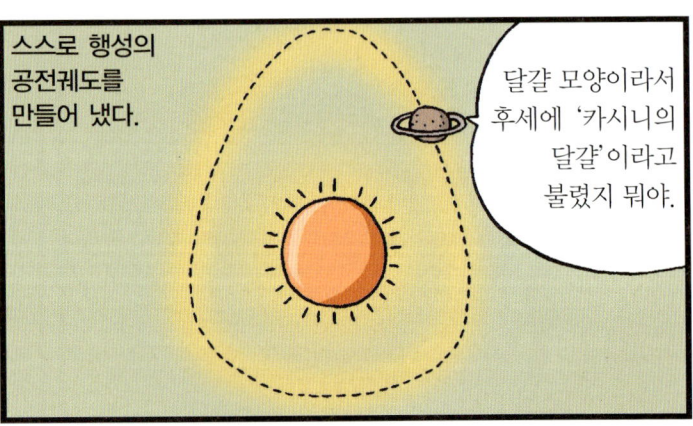

스스로 행성의 공전궤도를 만들어 냈다.

달걀 모양이라서 후세에 '카시니의 달걀'이라고 불렸지 뭐야.

그는 두 권의 저서에 연구 내용을 발표했고

1666년 『천문학 논문집』과 1693년 『천문 변량의 요소』 등이 있지.

천문학 논문집

천문 변량의 요소

1673년에 프랑스로 귀화하여 그 뒤로 4대에 걸쳐 천문학 연구에 이바지했다.

내 아들, 손자에 걸쳐 4대가 파리 천문대 대장을 역임했다는 거 아냐.

영국 더비 출신의 플램스티드는 독학으로 천문학을 공부했는데

어릴 때부터 류머티즘으로 몸이 아파 학교를 다닐 수 없었거든.

플램스티드
(1646~1719)

1670년 성식을 예측한 계산이 왕립 학회에서 인정받았고

'성식'이란 별끼리 나란히 있어 하나가 가려진 채 보이는 걸 말해.

왕립 학회의 추천으로 케임브리지 대학에서 공부를 계속할 수 있었다.

졸업한 뒤엔 해상 경도 측정 위원이 되었지.

1677년에 왕립 학회 회원이 되자 천문대 건립을 왕에게 건의했고

천문대가 필요하다고?

그럼 만들어야지!

정말요?

왕의 허가를 얻어 착공에 들어갔다.

단 우리 왕실이 돈 없는 건 알지?

지원금은 없으니 비용은 직접 마련하도록.

예?

11년이나 걸려 완공된 그리니치 천문대의

천문대 지을 돈을 벌기 위해 부업으로 학생을 가르쳐야 했거든.

1+1=2
2+1=3

초대 대장이 된 플램스티드는

…….

이런 걸 두고도 임명이라고 할 수 있을지 모르겠지만….

다른 천문학자들과 사이가 좋지 않은 걸로도 유명한데

미워

나빠

그 이유는 그가 관측이 모두 끝날 때까지 결과를 발표하지 않았기 때문이라고 한다.

그래서 뉴턴 같은 사람은 왕립 학회를 통해 관측 결과를 즉시 출판하라는 운동을 하기도 했고….

와 와

당장 발표하라!!

자료 개방

플램스티드는 주의 깊고 인내심 강한 관측자로 정확한 결과가 나오기 전까진 관측 내용을 절대 밝히려 하지 않았죠.

흥–

헬리 같은 사람은 플램스티드의 반대를 무릅쓰고 플램스티드의 관측 결과를 직접 출판해 버리기도 하죠.

1712년의 일이었고, 400권을 인쇄했다고 해요.

물론 이때 출간된 400권 가운데 300권은 플램스티드가 직접 빼앗아 불태워 버렸다고 하지만요.

정말 막상막하

결국 그가 내놓은 항성표는 상당히 정확하고 완벽했다.

1725년에 낸 것으로, 이전의 어떤 책들보다 많은 별들이 수록되어 있다고 해요.

티코 브라헤의 항성표보다 세 배나 크고 여섯 배나 정확하다고 하네요.

결국 성공했구려

그때 이런 일이 : 갈릴레이와 토성

우주 관측에 최초로 망원경을 사용했고

히힛! 보인다.

앗! 토성이다, 토성! 근데 양쪽에 볼록한 혹 같은 건 뭐지?

토성의 고리를 보게 된 갈릴레이.

망원경의 성능이 그리 좋지 않아서 고리가 선명하게 보이지 않고 혹처럼 보인 거죠.

갈릴레이는 그 모양에 감탄했다.

하… 멋진데? 저건 마치 늙은 크로노스가 자식들의 부축을 받는 거 같잖아?

여기서 잠깐! 크로노스가 누구일까요? 다들 아시다시피 서양의 행성들은 로마신의 이름을 붙였죠.

수성	금성	화성	목성	토성
신들의 전령	미의 여신	전쟁의 신	신들의 왕	거인족
머큐리	비너스	마르스	주피터	크로노스

토성 크로노스는 신들의 왕인 제우스의 아버지이고 최초의 하늘의 신 우라노스의 아들이지요.

나, 거인족! 힘도 세졌는데 한판 붙어 볼까 아빠?

이렇게 아버지를 힘으로 내쫓은 크로노스는 항상 불안해했죠.

이거 나도 언젠가 자식한테 쫓겨나는 거 아냐?

걱정도 팔자유~.

크로노스 아내 레아

그래서 크로노스는 자식이 생길 때마다

꺄… 당신 또 자식을 삼킨 거유?

며칠이 지나서 다시 토성을 관측한 갈릴레이는 깜짝 놀랐어요.

아니! 어찌 된 거야? 크로노스의 양 옆에 있던 자식들이 없어졌잖아?

사실 토성의 고리, 즉 테두리는 아주 얇아요. 그래서 각도에 따라 안 보일 때도 있지요.

이런 사실을 몰랐던 갈릴레이는 이 사실을 이렇게 받아들였죠.

뭐야! 크로노스가 또 자식들을 삼켜 버린 거야?

그리고 너무 화가 난 갈릴레이는 다시는 토성을 망원경으로 보지 않았대요.

넌 너무 나빠!!

토성의 테두리는 나중에 하위헌스에 의해 정확하게 알려지게 되지요.

그럼… 크로노스는 어떻게 됐을까요? 그의 마누라 레아는 아이 하나를 빼돌리는 데 성공합니다.

에—

그리고 그 아이가 커서 힘이 세지자

빼돌린 아이 제우스

결국 크로노스는 자기 자식한테 쫓겨나게 되죠.

흑흑 내가 이럴 것 같았다니까

과학적인 사실에 대해 너무나 용감했던 갈릴레이였지만 이런 즐거운 상상도 했던 거죠.

후후, 상상력도 과학자의 기본 자질 중 하나라고!

17세기 물리학

자연은 정말 구조도 복잡한 데다 나타나는 현상도 가지가지예요.

이런 자연을 관찰하고 설명하려는 데서 과학은 시작됐죠.

원자가 어쩌구

운동의 법칙은 이러쿵

만물의 기본 요소는 저쩌구

저러쿵 이라니까!

이 가운데 물질의 운동 구조, 열, 빛, 전자기, 소리같이 모든 물질의 상태를 밝혀내려는 자연과학의 한 갈래를 일컬어 '물리학'이라고 합니다.

물리학은 고대 그리스 때까지는 가장 열심히 연구한 분야였지만

……

창조론을 중시하던 중세의 신학적인 분위기에서는 전혀 발전하지 못했죠.

그러나 르네상스부터는 시대 흐름을 타고 물리학의 개척자들이 나타납니다.

물 리 학

이들은 구체적인 사실에서 법칙을 찾아

그 법칙의 보편성을 증명하기 위한 계획을 짰고

그 결과를 수리적★으로 해석하여 표현하고자 노력했죠.

★수리적-수학의 이론이나 이치.

그 결과 아리스토텔레스나 플라톤이 닦아 놨던 추상적인 중세 물리학의 큰 벽을 뛰어넘을 수 있었고

후에 뉴턴에 이르면 자연현상을 수식으로까지 표현하면서

물리학은 과학 분야 가운데 가장 먼저 근대과학의 길로 들어서게 됩니다.

첫 번째 개척자는 자기학의 아버지라 불리는 길버트이다.

길버트
(1544~1603)

그는 소문난 의사였는데

그렇게 실력이 좋다지요?

손님이 매일 바글바글하대요. 그 소문을 듣고 여왕님도 궁정의로 삼았을 정도라더군요.

의학 외의 다른 분야에도 관심이 많았다.

응응, 잠깐만. 이것만 읽고.

선생님! 환자가 많이 밀렸어요!

그게 뭐길래 코를 박고 읽어요?

요즘 베스트셀러인 『자연의 마법』이라는 책이야!

자연의 마법

이 책은 포르타라는 나폴리 사람이 썼는데

포르타
(1535?~1615)

과학을 무지무지 좋아해서 독학으로 공부했대.

자─ 다시 들어가소

차곡

차곡

1585년, 가톨릭 종교개혁에 참여하기도 했는데

이단 심문소에서 심문을 받아

이 사람이 쓴 책들은 1595년부터 금서가 돼 버렸어.

헉! 그럼 지금 금서를 읽고 있는 거예요?

이봐, 이봐. 그런 데 쪼잔하게 신경 쓰지 말고.

빠직

먼저 왜 이 책이 금서인지 물어보는 게 순서 아냐?

아무리 그래도 쪼잔이라니, 순서고 뭐고 전 듣기 싫어요.

할 수 없군. 그럼, 안 물어봐도 얘기하는 수밖에. 왜 금서가 되었는지 정확한 이유는

듣기 싫다니까요!

실은… 아무도 모른다네.

에엥!

아, 아무도 모르진 않겠다. 이단 심문관들은 알 테니까.

그럼, 선생님은 뭔가 아시는 거예요? 이단 심문관하고 한잔했다든가.

기대

아니, 뭐. 그건 아닌데 이유를 추측해 볼 수는 있지 않을까 싶어서.

선생님, 환자가 많이 밀렸어요. 헛소리 그만하시고.

첫, 삐치기는…. 아주 근거 없는 추측은 아니라고.

일찍이 나폴리의 학회들은 모두 폐쇄당했는데

왜냐면 '학회는 정치적 문제들을
일으키는 곳'이라는
이유 때문이었어.

학회는
불순한 곳이야
불명스러워~

요즘 왜 이리
시끄러운가 했더니
다, 학회 때문
이었던거야!!

근데 포르타는
1552년부터 다시 활동한
학회 '알토마레'의
회원이었고

스스로 '비밀 학회'라는 것을
만들어 활동했는데

회원모집
비밀
학회

비밀이란 이름
자체가 이단 심문소의
더듬이를 자극했을
거라는 말이지.

수우우~
상해애애애애!

삐빅

회원모집
비밀
학회

게다가 포르타는
『자연의 마법』이란 책 때문에
아주 유명해졌는데

사언의
마법

'마법'을 자연에 대한
전반적인 탐구라고
생각했다나?

정말! 정말!
수상해애애애애~

의심받을
만한 짓을.....

111

상상력이 없구먼~

그게 아니라요! 환자가!

이런 걸 보고 피가 끓어야 과학자지.

궁금한 게 있으면 꽉 물고 놓지 않는 것이 과학의 기본 자세라고.

특히! 내가 옛날부터 궁금했던 이 문제… 자석 바늘은 왜 꼭 남북 방향을 가리키냐는 문제 말이야.

북극성이 자석 바늘을 끌어당긴다는 얘기는 신선하긴 하지만.

증거가 될 만한 건 하나도 실려 있지 않으니….

오늘은 그만 병원 문 닫을까요?

이게 정말일까? 너무너무 궁금해진단 말이지. 증거를 찾을 수는 없을까?

알았어요. 문 닫죠, 뭐.

영업 끝

길버트는 이 문제를 해결하기 위해 여러 방면으로 조사했다.

나침반을 많이 쓰는 선원들이나

배 만드는 목공들 하고도 얘기해 보고

책도 뒤져 보고

의사 선생님이요? 또 땡땡이 치셨어요.

끄응, 조사를 하면 할수록 더 모르겠단 말이지.

왜요?

그게 말이야. 어떤 사람은 이렇게 말하고…

북극 근처에 커다란 자석이 있는 기라요. 그래서 자석 산이 자석 바늘을 잡아당기는 기라요.

심지어 어떤 사람은 이렇게 얘기하기도 한다고.

그걸 나한테 물어보면 어떡해? 그런 건 하나님만 아는 일이라고.

하여튼 얘기하는 사람마다 다 달라서…

그리고 또 다 그럴듯하기도 하고.

그럼, 포기하실래요?

아니지. 이럴수록… '그럼, 내가 사실을 밝혀내서 모두에게 알려 줄 거야.'

결국 길버트는 실험을 통해 가설들을 검증한다.

생각해 봐. 만약 북극성이 자석을 끌어당긴다면

자석 바늘은 북쪽 하늘을 향해 올라갈 거 아냐?

…라는 마음이 훨훨 불타오르는데!

아ㅡ네

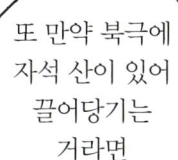

또 만약 북극에 자석 산이 있어 끌어당기는 거라면

내가 있는 런던에 비해 북극은 지평선 아래에 있으니까 자석 바늘은 땅을 향해 기울어지겠지.

이걸 실험해 보려면 보통의 자석 바늘과는 다른 게 필요하겠는데….

보통의 바늘 위에 자석이 놓이는 게 아닌….

자석 바늘이 자유롭게 회전할 수 있도록 만든 기구 말이지.

복각계

그리고 이 기구로 실험을 해 본 결과

헉- 기울어졌다 북쪽 땅 쪽으로 기울어졌다

두 가지 결론을 얻었어. 하나는 일단 북극성이 자석 바늘을 끌어당기지 않는다는 것.

두 번째는 자석의 산이 자석 바늘을 끌어당기는 것도 아니라는 거야.

왜냐하면 북극에 있는 자석의 산이 끌어당길 경우 바늘이 기울어지는 정도는 북극의 위치상 한 38° 정도 기울어져야 하는데

38°

실제로는 그보다 훨씬 아래쪽인 60~70° 정도로 바늘이 기울어졌기 때문이지.

그럼, 이 결과가 의미하는 게 무엇이냐! 자석을 끌어당기는 것은 북극도 아니라는 거야.

그럼, 북극이 아닌 다른 어딘가에 자석 산이 따로 있는 것일까? 그것도 말이 안 되는 것이

어딘가 다른 곳에 자석 산이 있다면 바늘이 꼭 북쪽을 가리키는 이유가 설명이 안 된다는 거지.

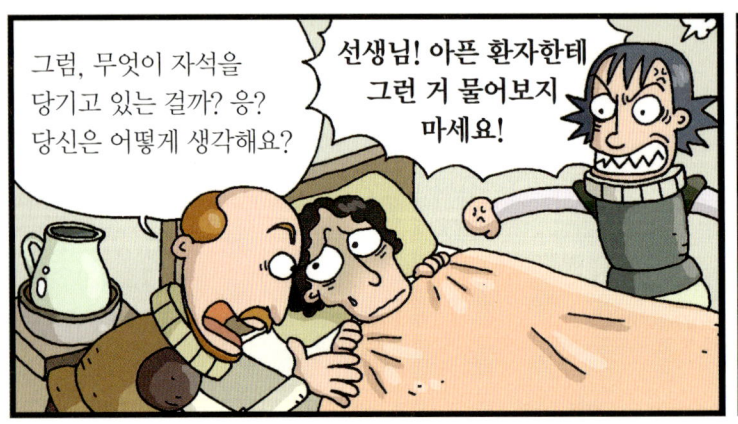

그럼, 무엇이 자석을 당기고 있는 걸까? 응? 당신은 어떻게 생각해요?

선생님! 아픈 환자한테 그런 거 물어보지 마세요!

자석을 끌어당기는 것은 일단 자석인 거 같기는 한데….

그래! 혹시 지구 자체가 커다란 자석이 아닐까?

찰싹

음! 그렇게 생각하면 뭔가 아귀가 맞는데….

하지만 지구가 자석이라는 증거는 어떻게 구하지?

요새 저 선생님 무섭다니까

끙

길버트는 이 가설을 입증하기 위해 또 다른 실험을 생각해 냈다.

이번 실험은 준비가 간단치 않아. 커다란 공 모양의 자석을 만들어야 하거든.

말하자면 지구 대신 쓸 건데, 13세기 학자였던 마리쿠르가 이런 걸 만들었다고 하더군.

이 지구 모양의 자석에 내가 만든 자석 바늘을 군데군데 올려 보면,

이 바늘은 올려놓는 위치에 따라 바늘의 각도가 달라지지.

바늘이 기울어지는 이유는 지구의 자기장이 수평면과 각을 이루기 때문이지. 이 각을 바로 '복각'이라 하고 말이야.

이 복각은 로버트 노먼이라는 나침반 제작자가 처음 발견했다고 해.

S

N

공 모양의 자석

복각을 관찰한 결과는 내가 일찍이 선원들한테 들은 이야기와 딱! 일치하는 거야.

북쪽으로 가면 바늘의 기울기, 즉 복각이 커집지요.

그리고 적도 방향으로 가면 복각이 작아지던걸입쇼!

그러니 역시 지구는 커다란 자석인 게지.

겉에 살짝, 아주 살짝 물이나 바위나 흙이 덮여 있을 뿐인 큰 자석 말이야.

그러니 이젠 알겠지? 자침이 남북을 향하는 이유,

지구의 자석이 북극 쪽엔 S극, 남극 쪽 끝엔 N극의 성질을 가지기 때문이었다고.

난, 그거 별로 안 궁금했어요, 뭐.

그리고 지구 자석 실험엔 재미있는 점이 있는데

표면에 이렇게 불규칙한 면을 만들면…. 아, 왜 지구에 산이 있듯이 말이야.

복각도 쬐끔씩 달라지거든?

일찍이 선원들은 나침반이 정북에서 쬐금 기울어진 걸 수정하느라 고생들을 했는데….

이 삐뚤어진 각을 '편각'이라고 하지.

편각

난 편각이 생기는 이유가 지구의 대지 모양 때문이라고 결론 내렸어.

길버트는 이 발견을 토대로 여러 가지 이론을 세워 나갔다.

자력이 훨씬 더 세지거든.

자석이 말이야, 참 신통해. 천연자석에 철을 뒤집어씌우면

더욱 큰 쇳조각을 뒤집어씌울수록 자력도 세진다고.

정말 놀랍지 않아?

난 말이야, 자력의 힘이 마치 육체에 운동을 일으키는 정신과 같은 거라고 봐.

그리고 지구의 자력은 하늘까지 닿는 힘으로 세계를 붙잡아 두는 거라고 생각하거든.

중력? 그거야 물론 자기(磁氣)의 힘 때문에 땅으로 찰싹 달라붙는 거고.

뭐, 이 경우는 실험도 못 하고 볼 수도 없겠지만 난 맞는 얘기라고 봐.

즉 지구는 스스로 날마다 돈다는 얘기지.

그래서 이 분은 영국 최초로 지동설을 인정한 사람이 됐죠.

마리쿠르에 의하면 둥근 자석은 자체의 힘에 의해 스스로 회전할 수 있다고 했는데

그의 자석에 대한 연구는 1600년 책으로 엮여 나왔는데
영국과 유럽에서 널리 인정받았다.

마리쿠르
이후에 자기에 대해
가장 객관적으로
쓴 책이면서

자석, 자성체 및
커다란 자석인
지구에 대하여

실험을 통해 쓴 최초의
자연과학책이라는
점에서 뜻 깊지.

대단해

그는 또한 전기도
연구했다.

호박이라는 보석을
문지르다 보면

이런 깃털을
끌어당길 수 있는
어떤 힘이 생기지.

호~. 마치 자석이
철가루를 끌어당기는 것
같네요?

그렇지? 근데 이 힘을 자세히
연구해 보니 자력과는
다르더라고.

난 여기에 '전기(electricity)'라는
이름을 붙여 더 열심히
연구하기로 했어.

이것도
신기하지
않나?

또 병원 문
닫을까요?

뒤이어 등장하는
실험과학자 스테빈은

주섬주섬

스테빈
(1548~1620)

젊은 시절 독학을 했으며

되는 대로
닥치는 대로
혼자서
공부하기도 하고

35살엔 루뱅 대학에서
정식 교육을 받기도 했지.

20대엔 외국 여행을 하기도 했다.

발길 닿는 대로
상황 되는 대로
돈 있는 대로

노르웨이, 폴란드,
페르시아를
여행하다가

네덜란드 북부에
주저앉았지.

당시 네덜란드는
독립한 지 얼마 되지
않은 나라라서

여기저기
해야 할 일들이 많았거든.
난 우선 재정 담당관으로
일을 했는데

그는 여러 가지 일들을 수학적으로
해결해 나갔으며

왕실의 회계와
정부의 회계를
처음으로
분리한다든지

이탈리아의 복식 부기법★을
처음으로 들여오기도 하고

상인들이 편하게 쓸 수 있는
이차 계산표 책도 내고 말이야.

★ 부기법-자산, 자본, 부채의 수입 및 지출 따위를 밝혀 장부에 적는 법. 단식 부기와 복식 부기로 나뉜다.

특히 소수의 표기법을 만든 것이 유명했다.

에, 이 시기에는
5.912라는 소수를
이렇게 표기했는데

0 1 2 3
5 9 1 2

또는

5⓪9①1②2③

독자 여러분들이 사는 시대의
소수 쓰는 법보다는 조금 복잡해
보이긴 해도

나름대로 이게 엄청나게 편하다는 걸 알리고 널리 사용케 해서

소책자도 발간했다고

계산술을 발전시키기도 했지.

그러나 그는 최고 업적을 역학 분야에서 쌓았다.

어느 날 성 쌓는 일을 맡으라 하대? 수문★도 만들고,

군대와 관련된 일도 맡으라 해서 말이야.

그러니 또 역학에 대한 공부를 한 거지.

주섬 주섬

★ 수문─물의 흐름을 막거나 조절하는 문.

일단 1586년 정역학에 대한 3부작의 책을 냈는데….

균형의 원리에 대하여

계량의 실제에 대하여

물 무게의 원리에 대하여

음, 힘이나 운동에 대해 연구하는 게 역학인 건 알지? 뭐…, 알겠지.

휘릭

주섬 주섬

아, 혹시 힘이 평형을 이뤄 정지하고 있는 상태를 연구하는 게 정역학인 것도 아나?

휘릭

스테빈의 정역학 3부작은 아르키메데스의 업적을 발전시킨 것이다.

부력의 원리를 발전시켜 성능 좋은 배를 만든다거나….

내가 하는 일이 워낙 여러 가지다 보니 아르키메데스의 역학이 매우 쓸모 있었지.

공사에 쓰이는 도르래를 발전시킨다거나

특히 『물 무게의 원리에 대하여』는 아르키메데스 이후에 나온 부력에 대한 최초의 책인데

물에 잠긴 물체의 이동에 관해 대략 설명했지.

물 무게의 원리에 대하여

네덜란드는 무역이고 국방이고 바다에 크게 의존해서 배의 성능에 관심이 많았거든.

또한 물의 역학적 역설도 다뤘는데 이게 뭐냐면

액체가 용기의 바닥을 누르는 힘을 구하는 거야.

액체가 용기의 바닥을 누르는 힘은 액체의 높이와

액체의 높이가 높을수록 부력이 크다.

압력을 받는 표면적에 따라 다르지. 이 법칙은 용기의 모양과는 상관없다고.

액체의 면적이 넓을수록 부력이 크다.

그의 역학 실험 중 유명한 것은 물체의 낙하 실험이다.

아리스토텔레스가 무거운 물체는 가벼운 물체보다 빨리 떨어진다 그랬지.

근데, 그거 잘못된 거 알지?

주섬 주섬

그래도 증명해 볼 건데, 한번 볼래?

휙

먼저 납으로 된 공을 두 개 준비하는 거야.

음, 하나는 열 배나 더 무거운 것으로 해서

물론 바닥에 소리가 잘 나는 물건을 놓고 말이야.

절그렁

적당한 높이에서 공 두 개를 같이 떨어뜨리는 거지.

봤지? 다 봤으니 알 테지만

굳이 설명을 하자면 열 배 무거운 게 열 배 더 빨리 떨어지지 않고 거의 같은 시간에 떨어진다는 거지.

그러니 소리도 거의 같이 나고….

근데, 난 직관적으로 알아 버린 거야. 두 힘이 그리는 선을 이웃 변으로 하고

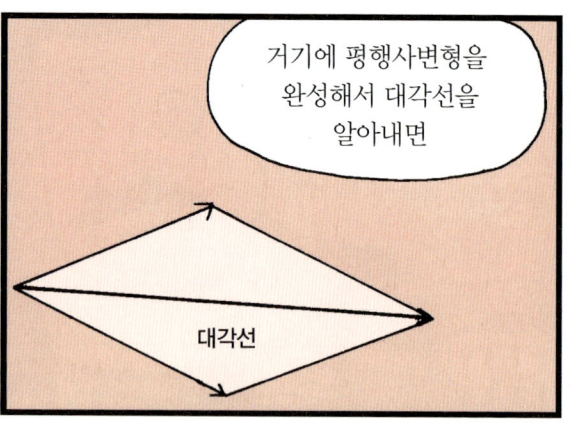

거기에 평행사변형을 완성해서 대각선을 알아내면

대각선

결국 힘이 가해지는 방향은 대각선과 같고

그 크기는 평행사변형의 대각선의 길이만큼 가해진다는 걸 말이지.

결과적으로 가해진 힘의 양과 방향

스테빈의 가장 중요한 발견은 경사면의 법칙을 다룬 것이었다.

우선 한 변이 다른 변의 두 배인 경사면을 가진 직각삼각형 하나를 놓는 거야.

꼭짓점을 ABC로 잡고.

그리고 이렇게 같은 간격으로 구슬이 14개 달린 염주를 하나 준비해서

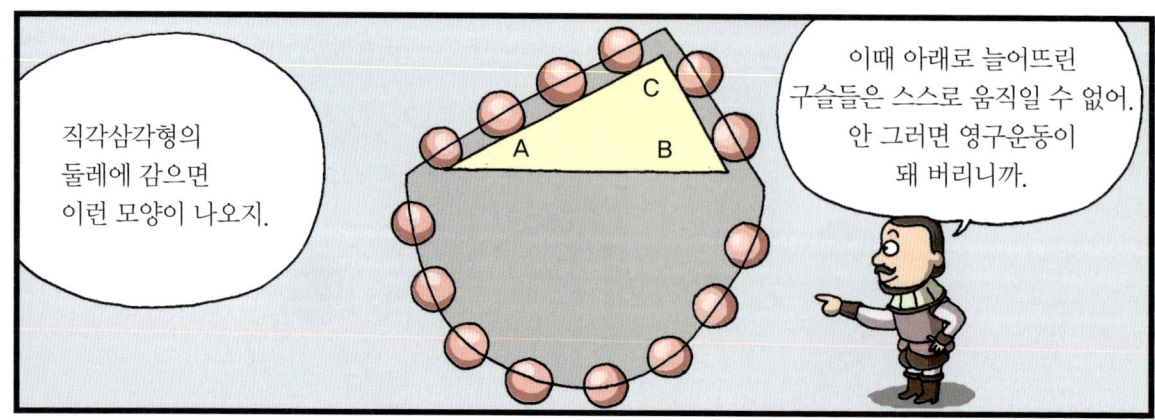

직각삼각형의 둘레에 감으면 이런 모양이 나오지.

이때 아래로 늘어뜨린 구슬들은 스스로 움직일 수 없어. 안 그러면 영구운동이 돼 버리니까.

아래로 늘어뜨린 구슬들은 무시하자고.

아예 잘라 버려도 상관없거든

그래도 위쪽에 걸친 구슬들은 계속 움직이지 않을 거란 말이지.

근데 그렇다는 건 A부터 C까지 걸쳐진 구슬 네 개에 걸린 힘과

B부터 C까지 걸쳐진 구슬 두 개에 걸린 힘이 같다는 얘기도 되잖아?

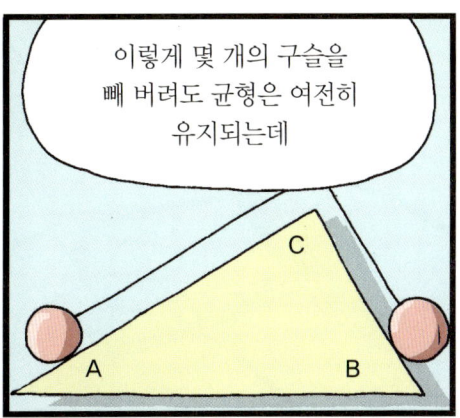

이렇게 몇 개의 구슬을 빼 버려도 균형은 여전히 유지되는데

이때 각 구슬에 걸리는 중량은 각 경사도에 비례하고 경사도의 길이에 역비례하므로

경사면이 짧을수록 구슬에 걸리는 힘은 커진다.

한 쪽에 걸리는 힘, 즉 중량 G를 알게 되면

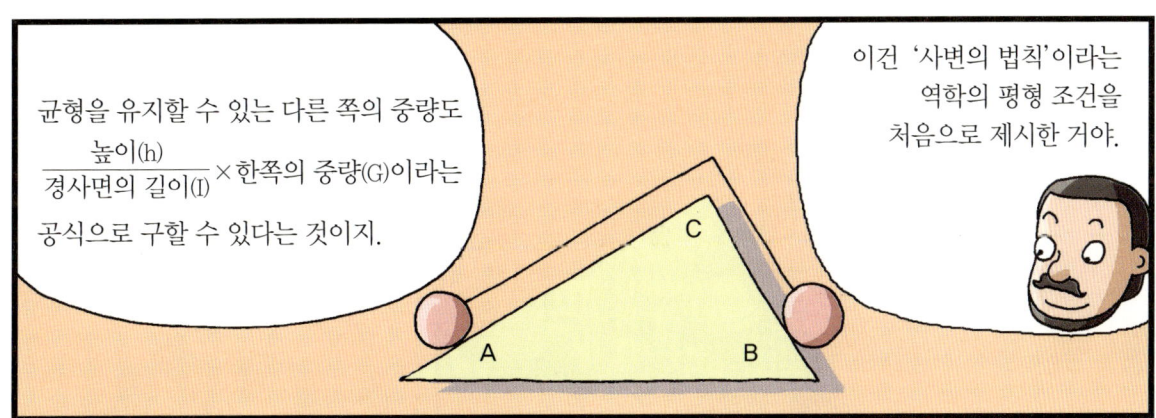

균형을 유지할 수 있는 다른 쪽의 중량도

$$\frac{높이(h)}{경사면의 길이(l)} \times 한쪽의 중량(G)$$

이라는 공식으로 구할 수 있다는 것이지.

이건 '사변의 법칙'이라는 역학의 평형 조건을 처음으로 제시한 거야.

그 밖의 연구로는 코페르니쿠스를 지지하는 천문학 책이 있고

공공 정책에 대한 책이나

어디 보자…

주섬 주섬

아 또, 악보 적는 법을 다룬 책까지 있구먼.

정말 별거 별거 다 하셨구랴.

그치? 네덜란드가 워낙 새로 시작하는 게 많아서 일도 잡다하게 많다니깐.

자! 그럼 또 일하러 가야지

수고하슈.

이제 갈릴레이가 등장한다.

에… 나로 말할 것 같으면 이탈리아 피렌체의 시민계급 출신으로

피사에서 태어났다우.

갈릴레오 갈릴레이
(1564~1642)

이름과 성이 비슷한 건 내가 장남이기 때문이유.

우리 토스카나 지방은 장남한테 성을 겹쳐 쓰는 게 풍습이거든.

난 너한테 아~주 기대가 크단다. 부담을 주려는 건 아니지만 난 우리 장남이 의사가 되었으면 해.

충분히 부담돼요

이래서 피사 대학 의학부에 들어갔다우.

그치만 내가 누구냐! 고집 세기로 후대까지 명성을 떨친 갈릴레이 아니유?

불끈

아버지를 설득해서

응? 응?

그래, 그래. 네 맘대로 하세요.

응? 응?

아버지 친구이자 궁정 수학자인 오스틸리오 리치 아저씨한테 수학과 과학을 배울 수 있었다우.

근데 이게 꽤 재밌는 데다가 습작으로 쓴 논문까지 인정받아서

1592년에는 대학에서 수학 강사로 불러들이지 뭐유?

피사 대학이랑 파도바 대학이였수

우리 장남 잘한다! 사람들이 보는 눈은 있어 가지고, 후후.

대학에서 내가 맡은 과목은 에우클레이데스의 기하학과 프톨레마이오스★의 천문학을 가르쳤는데

에휴

저 교수님, 왜 저러냐?

몰라, 가끔 한숨만 쉬고….

★톨레미라는 영어 이름으로도 많이 알려짐.

아무리 생각해 봐도 이 천문학은 틀렸다는 생각이 들더만.

우씨! 내가 가르치긴 하지만 이건 아니야!

해서! 난 일찍부터 코페르니쿠스의 지동설을 밀어주기로 마음먹었지.

아시다시피 이 학설이 받아들여지려면 아주 근본적인 문제를 해결해야 했다우.

안 돼, 안 돼! 지구가 어떻게 움직인다는 거야. 운동의 개념을 뒤엎는 일이라고오~.

뽀가닥

천문학 쪽에서는 나름대로 망원경으로 관측한 결과들을 동원해 아리스토텔레스의 이론을 흔들고는 있었지만 결정적이지 못했고

천문학 쪽이 아니더라도 어차피 운동의 개념을 바꿀 필요가 있었으니까.

뽀기닥

그래서 내가 처음 손본 게 무엇이었냐면!

물체의 본질과 운동을 완전히 떼어 놓는 것이었수.

이봐! 이봐! 지금 뭐하는 거야?!

운동

본질

운동은 물체의 변화를 의미하는 거라고. 성장이나 장소의 변화같이. 그리고 그 변화는 본질에 따라 일어나는 법인데, 본질을 떼어 버리면 어떻게 해?

성장하면서 나무라는 본질이 실현되는 과정.

자연의 장소로 돌아가려는 본질이 실현되는 과정.

성장

장소의 변화

그놈의 본질 때문에 자꾸 복잡해지는 거 아니유!

운동은 그냥 운동일 뿐이지! 운동과 본질이 무슨 관계유!

움직이건 정지해 있건 운동은 물체의 본성과는 아무 관계가 없슈. 따라서 물체의 고유한 성질이 변하지 않는 거유.

날아 가든 가만히 있든 돌은 돌일 뿐이라는 거지

웬 박력…?

이렇게 본질을 떼어 놓고 생각하면 문제들이 술술 풀리기 시작하는데

나…… 구박받은 건가?

그중 하나가 물체의 운동이 계속된다는 거유.

그런 건가?

선배님은 물체가 그 본성을 따르지 않는 운동을 계속하려면, 지속적으로 힘을 받아야 한다고 생각했지유?

본성에 따라 지상으로 돌아가려 한다.

날아가는 걸 유지하려면 계속해서 힘을 가해야 한다.

흑 흑

아! 지금 울고 있을 때유? 대답해 봐유, 그랬지유?

으응… 그랬지.

그치만 운동이 물체의 본질과는 상관없는, 단지 하나의 상태에 불과하다면…

정지 상태

운동 상태

주어진 상태를 바꾸지 않는 한 아무 힘도 필요치 않다는 거잖수.

정지 상태

운동 상태

그렇지? 외부의 힘이 필요한 것은 변화시키려 할 때겠지.

그래서! 나는 물체는 정지하고 있거나 움직이고 있거나 다른 힘의 작용을 받지 않는 한 그 상태를 유지하려는 성질이 있다고 결론 내렸수.

나는 정지 상태로 계속 있을 테다.

나는 계속 날아갈 테다.

왜? 스포츠는 살아 있으니까!

저 성질이 일명 '관성'이라고 하는 건데요. 제가 나중에 운동의 제1법칙으로 정리한 내용이지요.

뉴턴

갈릴레이 자신은 '관성'이란 말은 사용하지 않았지만요.

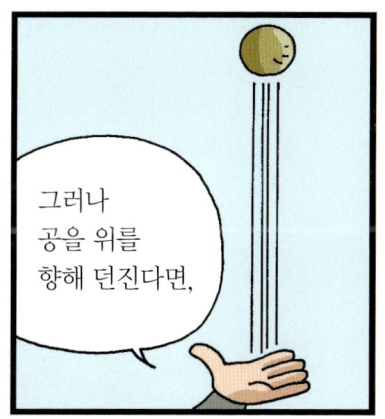

그러니 지구가 움직인다면 공이 서쪽으로 떨어져야 한다고 떠들던 사람들!

코페르니쿠스의 지동설을 헐뜯고 흠잡기 위해 혈안이 된 사람들을 가뿐히 물리칠 수 있게 된 거지.

그리고 사물의 본질을 운동과 떼어 놓고 보니 알아낸 게 있었는데 그게 뭐냐면

바로 하나의 물체가 동시에 두 가지 이상의 운동에 참여할 수 있다는 거였수.

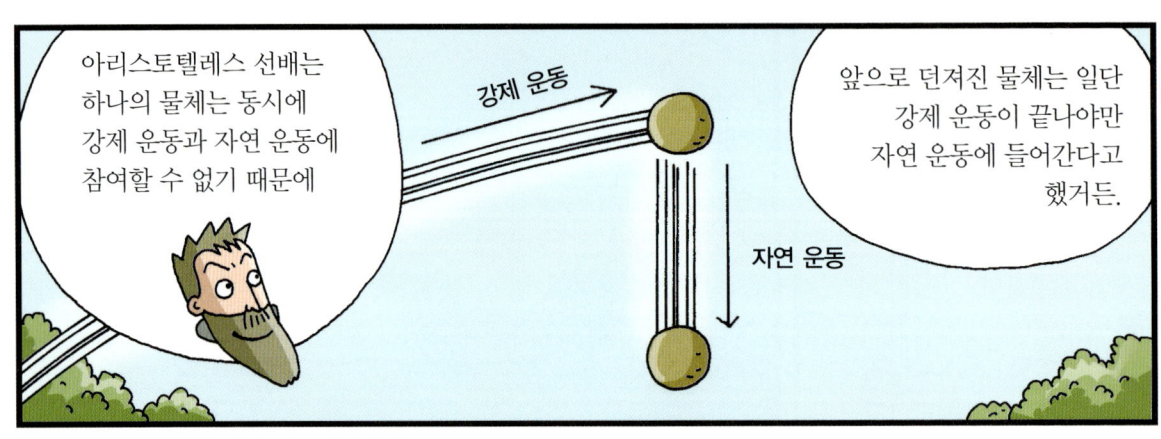

아리스토텔레스 선배는 하나의 물체는 동시에 강제 운동과 자연 운동에 참여할 수 없기 때문에

강제 운동

자연 운동

앞으로 던져진 물체는 일단 강제 운동이 끝나야만 자연 운동에 들어간다고 했거든.

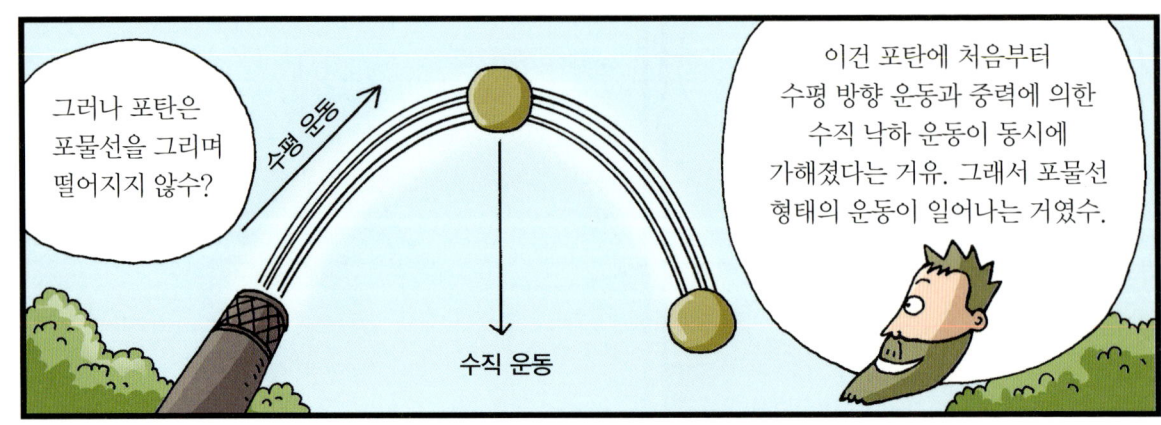

그러나 포탄은 포물선을 그리며 떨어지지 않수?

수평 운동

수직 운동

이건 포탄에 처음부터 수평 방향 운동과 중력에 의한 수직 낙하 운동이 동시에 가해졌다는 거유. 그래서 포물선 형태의 운동이 일어나는 거였수.

134

이걸 증명한 예로 탁자 위를 구르다가 곡선을 그리며 떨어지는 공을 들 수가 있수.

이 공은 수평 방향에서는 직선으로 같은 시간에 같은 거리를 가지만

중력의 영향을 받으면 시간의 제곱에 비례하는 거리를 이동한다우.

그래서 이 공은 반포물선의 궤도를 그리고, 대포에서 쏜 포탄은 완전한 포물선궤도를 그리는 것이지.

이와 같은 추론들은 갈릴레이의
자연관에서 기인한다.

난 말이유, 아주
무신론자는 아니었수.
코페르니쿠스를
지지하긴 했지만…

내가 생각한 신은
정밀한 우주를 좀 더
초월적인 기술로 움직이는
기계공 같은 분이셨지.

그러니 그 정밀한 자연은
수학으로 접근해야지 않겠수?

난 그렇게 접근했수.
사실상 내가 생각해 낸
수학적인 증명 방식은
현실에선 이루어지기
힘들잖수.

내가 했던 상상 실험들을 보면
알 수 있수. 난 마찰이 없는
평면 위에서 운동하는
공을 생각해 '관성의
법칙'을 유도했는데

사실상 그런 건
현실에서는
경험할 수 없는
것이지 않겠수?

그래서 경험으로는 이상적인 자연을 전부 파악할 수는 없지만….

이상적인 자연

그래도 자연의 비밀을 어느 정도는 수학으로 풀 수 있을 것이라 생각했다우.

열쇠는 바로 수학인 게유

이러한 접근 방식은 나중에 뉴턴이 그 가치를 입증하여 현대 물리학의 방법으로 확고하게 자리 잡힌다우.

그래서 내가 어떻게 수학을 적용했냐면 기하학의 길이, 면적, 체적 등에다

이런 걸 잴 수 있는 시간이나 운동, 물질의 양 같은 성질에 대입해 응용하는 거였수.

시간 운동 물질의 양

길이 면적 체적

그럼, 상상 실험을 통해 나온 이론도 증명할 수 있는 데다가

그것들 사이의 상호 관계도 발견할 수 있는 거거든.

그리고 연구 분야는 측정이 가능한 분야로 좁혀야 하는 거유.

예를 들어 무게가 다른 것을 동시에 떨어뜨리는 낙하 실험 같은 거 말이유.

내가 했던 거 같은거?

그래, 그 실험 말이유. 나도 그런 걸 해 봤수. 안 할 수가 없었거든.

왜?

아, 아리스토텔레스의 허점이 마구 보이는데 그런 재미있는 일을 어떻게 안 하고 배기겠수?

뽀기닥

뭐시라—

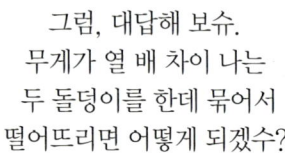

그럼, 대답해 보슈. 무게가 열 배 차이 나는 두 돌덩이를 한데 묶어서 떨어뜨리면 어떻게 되겠수?

핫!

선배의 이론에 따르면 두 물체가 따로 낙하하는 시간의 평균이거나

같이 묶은 무게 만큼의 물체가 낙하하는 데 걸리는 시간이어야 하지 않수?

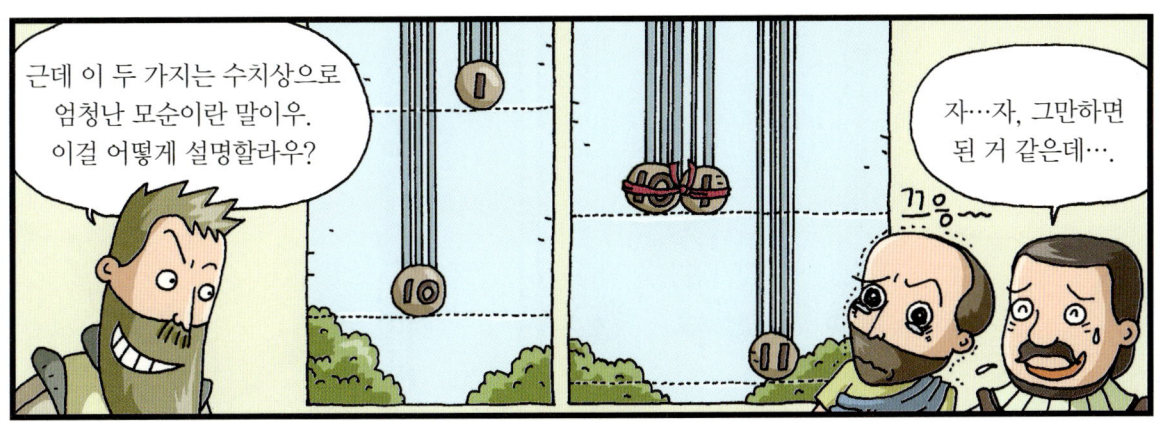

근데 이 두 가지는 수치상으로 엄청난 모순이란 말이우. 이걸 어떻게 설명할라우?

자…자, 그만하면 된 거 같은데….

끄응~

그래서 나도 물체의 자유낙하 실험을 했수. 그치만 낙하하는 속도를 그냥 관측하기엔 너무 빨라서

그렇지 전광석화지

측정할 수 있게끔 낙하 방식을 조금 바꿨다우.

어떻게~

일단 금속 공을 최대한 매끄럽게 하고, 역시 매끄럽게 눈금을 새겨 넣은 경사면을 준비했다우.

또르르르

이렇게 경사면을 이용하면 공이 그냥 떨어질 때보다 관찰을 더 쉽게 할 수 있거든.

139

그 결과 난 모든 물체는 무게와 상관없이 같은 시간에 같은 거리만큼 떨어진다는 것.

또 떨어지는 속도는 떨어지는 시간이 늘어날수록 증가한다는 걸 알게 된 거유.

잠깐! 그런데, 이 실험에서 말이야.

측정할 수 없는 건 그렇다 쳐도… 자네, 측정할 수 있는 것도 무시한 거 아닌가?

아… 공기의 저항 말이유?

알고 있었구면. 공기의 저항은 물체의 낙하에 영향을 주는 것이고 원칙적으로 측정도 가능할 텐데.

그렇긴 하지만

그다지 큰 영향도 아니고, 중요하지도 않아서 신경쓰지 않은 거유.

그래야 좀 계산이 편해지지 않겠수?

그리고 그런 거 따질 시간 있으면 이 금속 공이나 매끈하게 갈아 주슈.

그래야 마찰을 줄일 수 있어 더 완벽한 실험을 할 수 있으니까.

으이구~ 괜히 아는 척 해 가지고

……

갈릴레이의 실험은 그 밖에도 여러 분야에 걸쳐 이뤄졌다.

유리나 강철, 나무 같은 재료로 만든 각기둥이나 원기둥이 말이야.

세로로는 아주 큰 힘도 지탱해 낼 수가 있잖수.

근데 이상하게도 가로로는 너무 쉽게 부서진단 말이지.

뿌각

이렇게 물체의 강약에 대한 실험을 했고

진공에서 이것을 잡아당길 때 힘이 많이 든다는 걸 보여 주고자 이런 기구를 만들어 보기도 했수.

진공

물을 채운 원통

물

물을 넣을수록 무거워져 잡아당기는 힘이 커지는 추

진공의 저항을 측정하는 장치

아, 참! 그리고 수학적인 실험 방법이 발전하기 위해서는 측정 기구도 함께 개발해야 하지.

뭐든지 측정은 정확하게 이뤄져야 하지 않겠수?

그래서 난 자나 저울, 물시계 같은 측정 기구를 사용하기도 했지만 새로운 측정 기구를 만들기도 했수.

에, 먼저 온도를 측정하기 위한 온도계를 만들었고…

어느 날은 교회 천장에 매달린 샹들리에가 흔들리는 것을 바라보다가

가만 저것 봐라

이것이 크게 진동하거나

작게 진동하거나 항상 같은 시간이 걸리는 걸 보고

맥박을 세서 확인했지.

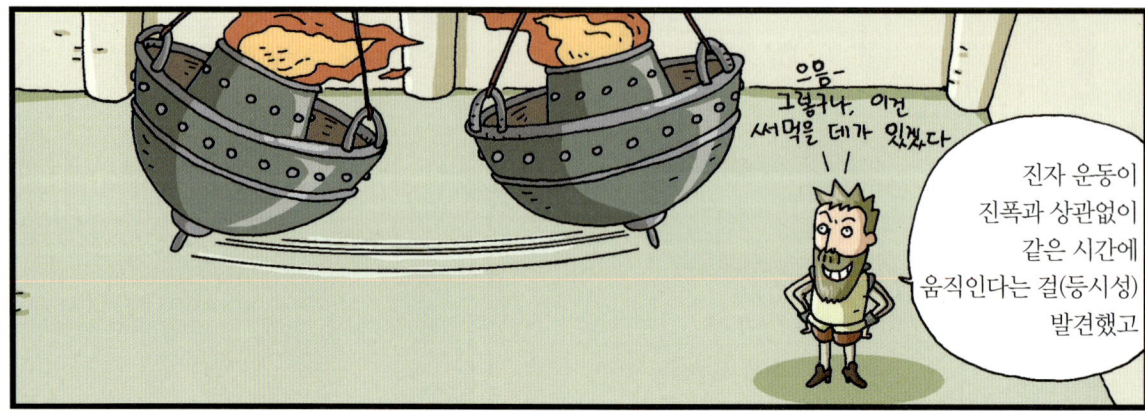

으음~ 그렇구나, 이건 써먹을 데가 있겠다

진자 운동이 진폭과 상관없이 같은 시간에 움직인다는 걸(등시성) 발견했고

이걸 이용해 짧은 시간을 정확하게 측정할 수 있는 수동식 진자 탈진기를 발명했다우.

그전에는 짧은 시간을 측정하려면 맥박을 세거나 작은 물시계를 쓰는 수밖에 없었거든.

진자가 한 번 움직일 때마다 탈진기의 톱니바퀴가 한 칸식 회전하는데 이 회전으로 몇 가지 장치를 움직일 수 있는 원리였지.

갈릴레이는 말년에 두 명의 제자를 두었다.

내가 말년에 눈이 안 보이게 되면서 제자들의 도움을 많이 받았다우.

토리첼리 (1608~1647)

비비아니 (1622~1703)

특히 비비아니 이 친구는 물리학자이자 수학자인데

내가 눈이 안 보이게 되자 원고를 불러 주는 대로 받아 적었고

니라 니라~ 힘드냐?

절대 힘들지 않사옵니다ー

내가 죽은 뒤, 내가 남긴 마지막 책을 교회로부터 지켜 냈으며

실험과학자들의 학회인 실험 학회를 운영하면서

내 일대기를 써서 명성을 높이는 데 힘쓴 친구유.

기특한 것 난 역시 제자 복도 많다니까

부끄럽사와요.

그리고 토리첼리 이 친구도 수학, 철학을 배웠고

나와 내 제자인 카스텔리 밑에서 공부를 했는데

내 『신과학 대화』를 읽고 나서 투사체 운동에 대한 연구를 발표했수.

그러다 서로 맘이 맞아서 나중에 같이 자유낙하에 대한 실험을 하면서 지구의 회전을 연구했지.

내가 한 실험이 뭐였냐면 펌프로 물을 끌어올리는 거였는데

아무리 초강력 울트라 펌프를 사용해도

일정한 높이, 즉 10.8m까지만 물이 올라갈 뿐 더 이상은 죽어도 올라가지 않는 거였수.

10.8m

사실 이 물기둥이 10.8m 이상 올라가지 않는다는 건 광산업자나 우물을 파는 사람들은 오래전부터 알고 있었던 거라우.

일하는 데 지장이 커요. 정말 왜 이러는지….

그치만 어떤 학자도 이것을 주목하지 않아서

원인은 밝혀지지 않았던 거죠.

알았수. 내 한번 연구해 보리다!

…라고는 했지만 잘 모르겠는데? 물기둥이 자기 자신의 무게를 견딜 수 없기 때문인 것도 같고….

으으, 충분한 설명이 안 돼. 뭐라고 할까? 한정된 진공상태? 뭐 그런 거 아닐까?

내 제자 토리첼리가 물 대신 수은을 사용하자는 훌륭한 아이디어를 냈수.

수은이 물보다 14배나 무겁기 때문에 훨씬 작은 실험 기구로도 연구가 가능했거든요.

좀더 일찍 생각해 냈으면 좋았을 걸 아쉽다

이 문제는 내가 죽을 때까지 풀지 못했는데…

내 제자들은 이런 생각을 하고 새롭게 실험을 했수.

먼저 한쪽 끝이 막힌 약 1m 정도 길이의 유리관에 수은을 가득 채우는 거유.

그리고 그 유리관의 뚫린 쪽을 손으로 막고 그것을 수은이 들어 있는 그릇 안에 거꾸로 세운 다음 손을 떼는 거유.

그러면 유리관의 수은이 밑에 있는 그릇에 쏟아질 거 아뉴? 주욱~.

그런데 신기한 건 수은이 전부 쏟아지는 게 아니라 78cm 정도 높이에 이르면 더 이상 내려오지 않는다는 거였수.

토리첼리의 진공

78cm

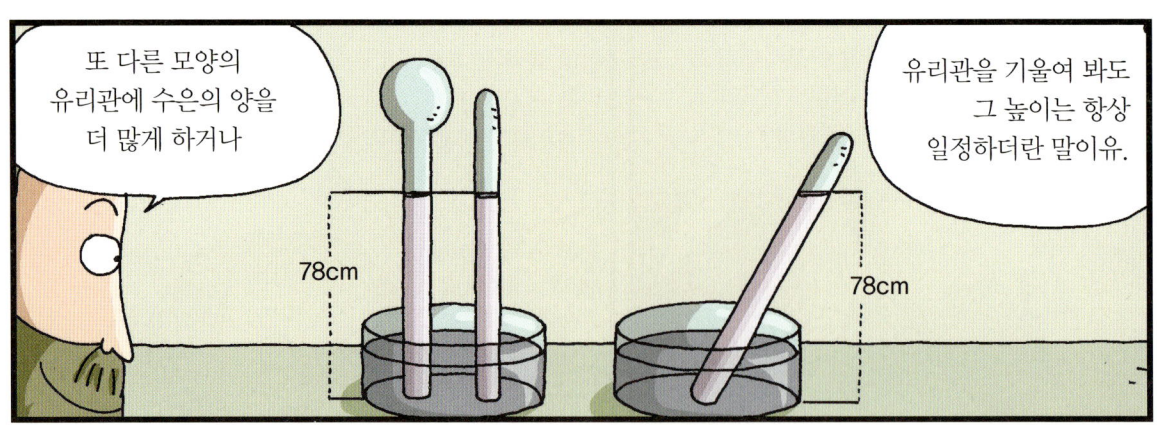

또 다른 모양의
유리관에 수은의 양을
더 많게 하거나

유리관을 기울여 봐도
그 높이는 항상
일정하더란 말이유.

78cm

78cm

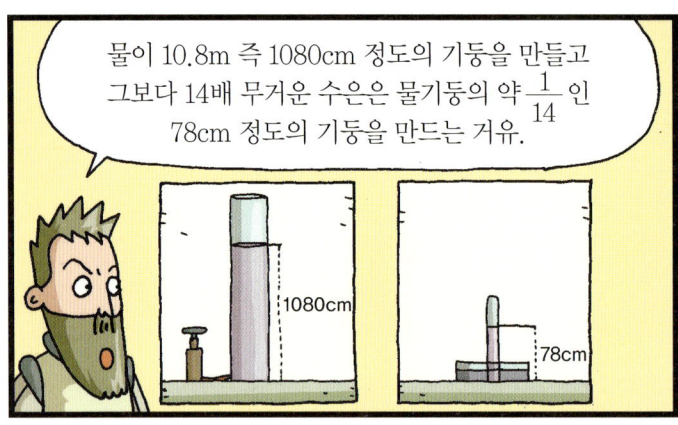

물이 10.8m 즉 1080cm 정도의 기둥을 만들고
그보다 14배 무거운 수은은 물기둥의 약 $\frac{1}{14}$ 인
78cm 정도의 기둥을 만드는 거유.

1080cm

78cm

그 이유가
무엇일 것 같냐,
제자들아?

으응   끄응

단서는 '무게'인 것 같은데요.
수은보다 14배 가벼운 물이 약 14배
높은 기둥을 항상 만드는 걸 봐서…

네, 아무것도 없어 보이지요?
그러나 이곳엔 확실히
무언가가 존재합니다.

우아─
이거 납량
특집이야?

…

물이나 수은은 무언가의
무게와 균형을 이루고 있다…라고
추리해 볼 수 있을 것 같습니다.

뭐랑 균형을
맞춰?
여기 아무것도
없는데

특히 토리첼리의 실험 장치가 공기의 압력을 재는 장치(기압계)라는 걸 알아챈 사람이 있었는데요.

참고인, 이리 나오세요.

저, 전 왜요?

파스칼
(1623~1662)

바로 유명한 철학자이자 수학자였던 파스칼이란 사람이지요.

'인간은 생각하는 갈대'라는 유명한 말 들어 본 적 있죠?

저 말이 당신이 한 말 맞습니까?

네….

흐흠, 고향은 어디요?

프, 프랑스 클레르몽페랑인데요.

그럼, 학교는 어딜 다녔어요?

정…정규학교를 다니지 않고 아, 아버지한테 배웠는데요.

근데 이 자료에 의하면 열두 살 때 이미 에우클레이데스의 기하학에 정통했다는데…

뭐, 그렇죠.

이게 말이 됩니까? 당신이 뭐 천재라는 거예요?

그… 그런.

딱

이거 미안하우. 내 제자가 워낙 탐정 놀이를 좋아해서.

무서웠어요~.

이번엔 탐정놀이가 아니라 형사놀이 였다고요 무ㅡ

아, 파스칼 군은 그 밖에도 고대 아폴로니오스의 원뿔곡선을 연구해서

열여섯 살 때 『원뿔곡선 시론』 이란 걸 발표해 데카르트를 비롯한 많은 수학자들의 주목을 받았다고.

원뿔곡선 시론

천재 맞아

그뿐인가? 열아홉 살 때는 세금 징수관인 아버지의 일을 돕기 위해

처음으로 계산기를 만들기도 했다니, 대단한 효자 아니겠어?

숫자 단위의 올림과 내림이 자동으로 되고 보수★를 써서 뺄셈을 덧셈으로 할 수도 있는 기계군요.

5 2 5 1 6

호오ㅡ

크우ㅡ

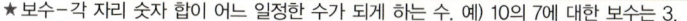

★ 보수-각 자리 숫자 합이 어느 일정한 수가 되게 하는 수. 예) 10의 7에 대한 보수는 3.

선생님, 지금은 진공과 기압계에 대한 얘기를 하고 있었는데요.

아 참, 그랬지.

수학 얘긴 수학 파트 에서····

근데 뭔가 묘하게, 매우, 편들어 준다는 느낌이 드는 건 왜일까요?

거참, 그랬나?

그래서요? 결론만 짧게 얘기해 보세요!

깜짝이야 웬 목청이 그리 큰가?

뭐, 결론이랄 것도 없이…

움찔

당신이 내린 결론이 옳다는 얘기예요, 그냥.

아유~, 그런 얘기를 대충하면 안 되죠. 자, 여기 편하게 앉으시고

시간 제한도 없으니까 길게~ 얘기해도 상관없으니, 자세히 설명해 봐요~.

그…그래도 될까요?

거…. 변덕하고는

뭐… 그런 얘기죠. 높은 곳과 낮은 곳에서 수은 기둥의 높이가 달라지는 이유가 뭘까요?

달라진 것은 오로지 높이밖에 없는데…, 높은 곳에서는 흔히 숨쉬기가 힘들다고들 하죠. 그만큼 공기가 희박하다는 거지요.

헉헉

공기가 희박하다는 건 대기의 압력도 작아진다는 것.

그만큼 수은 기둥의 높이도 낮아지는 거고요.

낮은 곳   높은 곳

그래서 공기의 무게가 바로
수은 기둥을 서 있게 하는
이유라는 것.

두근

즉 토리첼리 당신의 해석이
옳다는 것을 이 실험을 통해
증명한 거죠.

흐뭇

당신 정말
천재 맞는 것
같아요

예뻐
죽겠어

....

둘 사이가
좋아진 것 같아
다행이구먼.

근데 파스칼 군은
뭔가 또 다른 원리를
발견했다며?

아… 네.

살았다

밀폐된 그릇 속에 있는
액체의 한 부분에 압력을 주면
다른 부분에 있던 액체의 압력도
그만큼 증가한다는 건데요.

예를 들어 물이 가득 찬 고무공에 서너 개의
구멍을 뚫고 안 뚫린 곳의 한 점을 누르면,
누른 곳에서 먼 구멍이나 가까운 구멍이나
모두 같은 양의 물이 뿜어져
나온다는 거죠.

한 부분에 압력

다른
부분도
압력을
받는다.

일 명
파스칼의 원리
라고 해요

서…선생니임…, 뭐 잊으신 거 없으세요?

뭐? 뭐 말이냐?

저도… 정리 하나 했는데, '토리첼리의 정리'.

빨리 소개 안 해 주면 또 삐칠 거예요

내가 이렇게 안 키웠는데…

에, 그렇지. 토리첼리의 정리란 게 있지.

히힛 쑥스럽사와요

자, 그럼 본인이 설명하고 와라.

선생님!

우린 만난 김에 맛있는거나 먹읍시다

토리첼리의 정리란 뭐냐면요. 액체를 넣은 그릇에 구멍을 뚫었을 때

빨리하고 와라 - 우리끼리 다 먹기 전에…

같이가요 금방끝나요

액체가 흘러나오는 속도를 계산하는 방식이죠.

저두고 가지 마세요

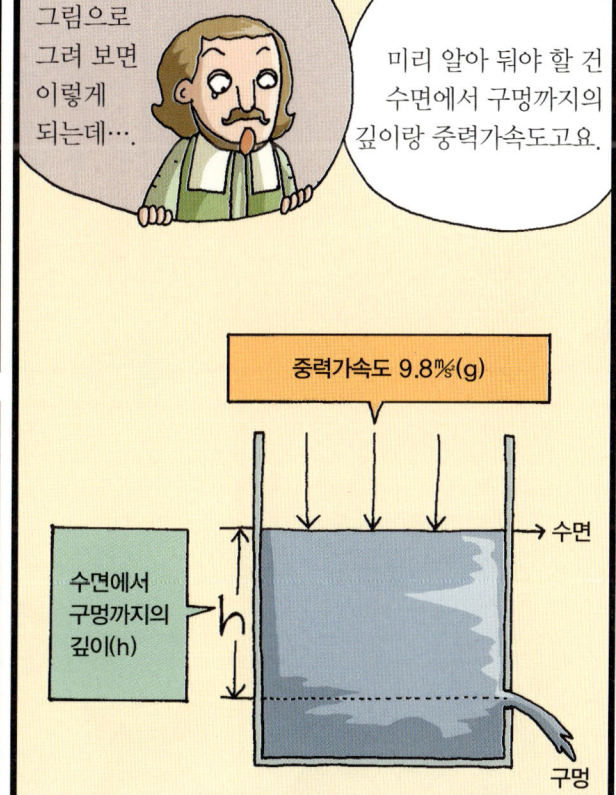

그림으로 그려 보면 이렇게 되는데….

미리 알아 둬야 할 건 수면에서 구멍까지의 깊이랑 중력가속도고요.

중력가속도 9.8㎧(g)

→ 수면

수면에서 구멍까지의 깊이(h)

구멍

이 두 요소를 알면 액체가 구멍에서 흘러나오는 속도는 이렇게 구할 수가 있지요.

$$V = \sqrt{2gh}$$

액체가 흘러 나오는 속도

중력 가속도

수면에서 구멍까지의 깊이

그럼, 아시겠죠? 제가 빨리 가야 한다는 거. 그래서 저는 이만 가 보겠습니다.

쌔앵

어허… 그렇게 급히 뛰다간 다치는데.

사람이란 말이야. 매사에 여유가 있어야 하거늘.

뭐가 그리 급하다고….

게다가 날 소개해 준다고 불러 놓고 그냥 가 버리질 않나. 역시 마음에 여유가 있어야 실수도 안 하는 게야.

사람이 모름지기…

대체 누구신지 먼저 들었으면 좋겠는데요?

아, 조금만 기다리면 어련히 알아서 소개할 거인디, 사람들이 뭘 진득하게 기다리는 법이 없어요.

그래도 혼자서 너무 많은 칸을 쓰시면…

알았어, 알았어. 나는 게리케라고 하는 사람이구먼.

게리케
(1602~1686)

156

★축성학-성을 쌓는 방법을 연구한 학문.

진공은 공기만 빼면 간단히 만들 수 있다고 생각해서

까짓 거 뭐 어렵겠어

처음엔 빈 포도주 통을 준비한 후 바깥의 틈을 꼼꼼히 메워 안으로 공기가 들어가지 못하게 했지.

그리고 이 통에 물을 가득 채운 뒤

놋쇠로 만든 펌프로 통의 물만 빼내는 거야. 그럼, 진공상태가 만들어지지 않겠어?

그런데 진공이 되기는커녕 물을 빼내는 동안 통이 폭발해서 부서지고 말더라고.

아마 통이 더 튼튼했어야 하나 봐.

그래서 배기펌프도 다시 손보고

뚜 뚜당 땅

두꺼운 금속으로 된 반구를 만들어 그 안에 진공을 만들었지.

속이 빈 두 개의 금속 반구

공기를 빼다

이 진공은 말이야, 참 신기한 게 이 속에선 소리도 전달이 안 되고

촛불도 꺼져 버려요. 그뿐인가?

진공을 만든 두 개의 반구를 떼어 내려면 아주아주 엄청난 힘이 필요하다니깐.

난 이 사실을 왕에게 보여 주기 위해 이른바 '진공 쇼'를 벌이기로 했어.

이건 정말 정말 유명한 장면인데 '마그데부르크의 새로운 실험'이란 거야.

하수인이라뇨? 무슨 그런 섭섭한 말씀을! 저는 진행을 돕기 위해…

왜 발끈하는 거요? 역시 수상해.

아뇨, 발끈하는 게 아니라 단지….

말끝을 흐리는 것도 수상해.

저, 그럼 저는 신경 쓰지 마시고….

태도를 계속 바꾸는 것도 수상해.

벽이라고 생각하세요

그냥 아까 하던 진자시계 얘기나 계속하시죠?

진자시계라… 함부로 알려 줘도 되나 몰라? 연구는 비밀이 생명인데….

비밀? 지키죠, 뭐. 제가 그걸 어쩌겠어요?

흥!

실룩

그럼… 그렇게까지 말하니 한 번만 보여 주도록 하지.

으으 너무 피곤해-

이게 내가 만든 진자시계의 도면인데 참, 진짜 비밀은 지켜야 돼!

소곤 소곤

알았다니까요.

기계시계에는 시간 간격이 일정하도록 속도를 조절하는 조속기*란 장치가 있고

소곤 소곤

★ 조속기-원동기에서 무게의 증감에 따라 회전 속도를 일정하게 조정하는 기계.

이 조속기가 만들어 낸 시간 간격을 시, 분, 초 등의 단위시간으로 바꿔 주는 탈진기*란 장치가 있는데

소곤 소곤

주로 관과 톱니바퀴를 써서 속도를 전달한다.

★ 탈진기-진자 따위를 이용하여 속도를 조절, 일정한 시간 간격으로 톱니바퀴를 한 이씩 회전시키는 장치.

조속기가 시계의 정밀도를 결정하는 셈인데 이 부분을 만들기가 쉽지 않았던 거지.

뭔가를 같은 시간 간격으로 계속 움직이게 하는 게 어디 쉬운 일이겠소?

소곤 소곤

아하! 그래서 진자 등시성 이론이 나오고 나서야 기계시계가 가능해졌군요.

그렇지. 근데 목소리가 너무 크오.

쉿

그런데 말이오. 진자의 등시성 이론의 핵심은, 길이가 같은 진자의 주기는 추의 무게나 진폭에 상관없이 일정하다는 거요.

소곤 소곤

추의 무게나 진폭에 상관없이 주기가 일정하다.

진자의 등시성은 진폭이 작을 때는 원운동과 일치하지만

진폭이 커지면 원운동과 꼭 일치하지만은 않았다오.

소곤 소곤

아… 그렇군요.

그래서 진자시계의 등시성을 개선하기 위해 내가 연구한 것이 바로

조금만 크게 말씀해 주시면 안 될까요?

소곤 소곤

'사이클로이드 곡선'으로 특별한 곡선 위에서 추를 움직이도록 하는 거였소.

그리고 우리 좀 더 넓은 자리에 가서 얘기하면 안 되나요?

소곤 소곤

어허, 이런 건 큰 소리로 떠드는 게 아니라니까.

그래도…

말 안 들을 거면 그냥 가든지.

아, 아니에요. 그 사이클로이드 곡선이 뭐라고요?

사이클로이드 곡선이란 원둘레에 점 하나를 찍고 직선 위로 굴렸을 때 그 점이 지나가는 부분을 이은 곡선을 말하는데….

소곤 소곤

사이클로이드 곡선

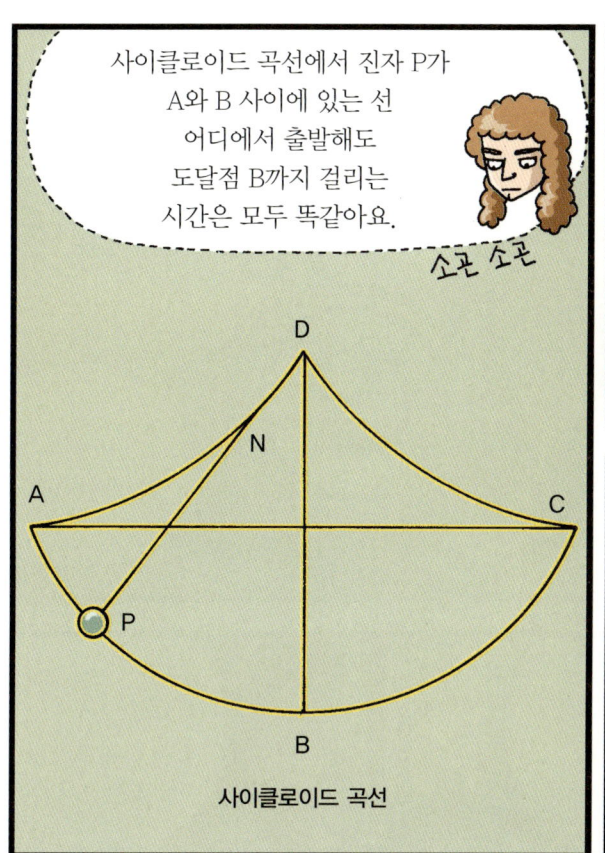

사이클로이드 곡선에서 진자 P가 A와 B 사이에 있는 선 어디에서 출발해도 도달점 B까지 걸리는 시간은 모두 똑같아요.

소곤 소곤

D

N

A

C

P

B

사이클로이드 곡선

즉 끝의 길이만 같다고 해서 추가 언제나 같은 속도로 흔들리는 것이 아니고.

소곤 소곤

정확하게 사이클로이드 곡선을 따라 움직이도록 하는 게 진자시계 성공의 비결인 셈이지.

근데 진자가 사이클로이드 곡선을 따라 움직이려면

소곤 소곤

어떤 장치가 필요하지 않을까요?

그렇지! 그게 핵심인데, 당신 생긴 거보다 질문이 날카로운데?

소곤 소곤

아무래도 뭘 좀 아는 사람 같은데!

혹시 산업스파이 같은 거 아냐?

자꾸 이러시면 저 소리 질러 버릴 거예요.

사람들아 — 진자 시계는 사이클로이드 곡선을 따라……

어허! 잠깐, 잠깐. 뭘 그리 발끈하고 그러시오.

그래서 그 장치가 뭔가요?

그건 '유사'라는 나선 모양의 작은 부품이오.

167

진자의 중심축에 유사를 부착하면 탄력에 의해 사이클로이드 곡선을 따라 움직인다오.

오호, 그렇군요.

소곤 소곤

그 밖에도 나는 되도록 규칙적인 진동을 내고자 무거운 진자를 사용했고

진자 대신에 태엽을 장치해서 바늘이 움직이는 회중시계 조절 장치도 발명했다오.

소곤 소곤

소곤 소곤

흐음, 대단하네요.

그래서 당신이 그렇게 유명했던 거군요.

그야, 뭐. 내 자랑 같지만 난 한번 손대면 그냥 안 끝냈으니까.

망원경을 개량하던 형을 도우면서 렌즈를 연마하는 새로운 방법을 연구하기도 했지.

뭘 그렇게 찾아요?

부시럭 부시럭

렌즈 연마기를 만들었는데 너무 깊이 숨겨 놔서 찾기가 힘드네.

그러니까 감추는 것 좀 적당히 하라니깐요!

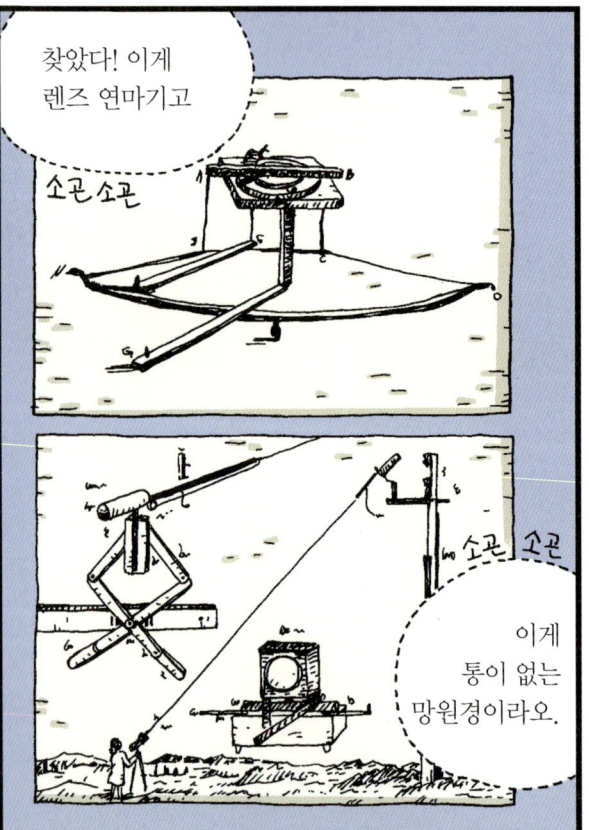

찾았다! 이게 렌즈 연마기고

소곤 소곤

소곤 소곤

이게 통이 없는 망원경이라오.

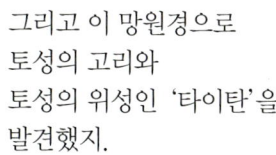

그리고 이 망원경으로
토성의 고리와
토성의 위성인 '타이탄'을
발견했지.

갈릴레이 선생은 이걸 보고 토성에
혹이 달려 있다고 했지만
난 이것이 고리라는 걸 정확히 알았지.

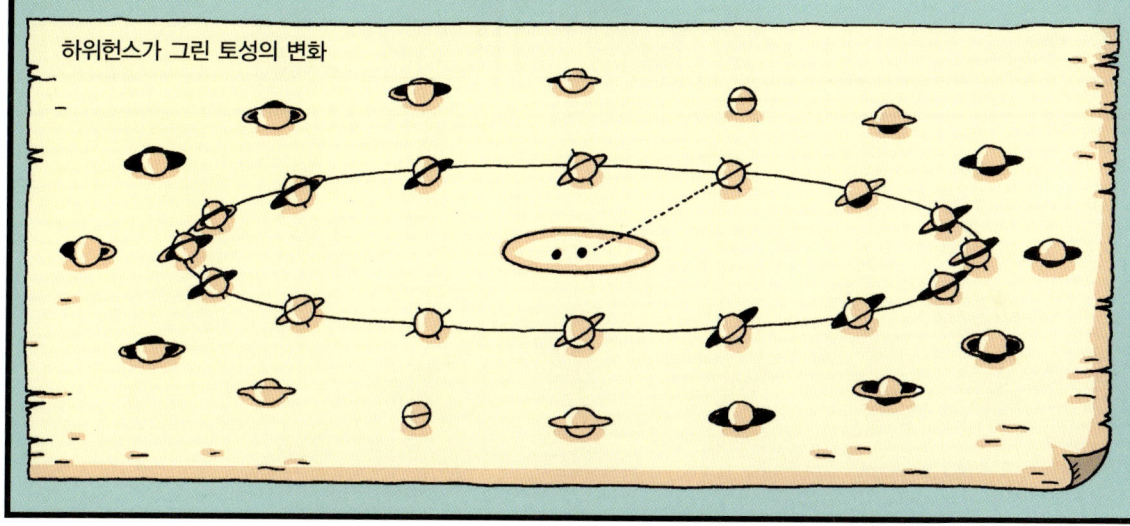

하위헌스가 그린 토성의 변화

그리고 이 발견의
우선권을 확보하기 위해
수수께끼처럼
발표하기도 했지.
누가 내 연구를 훔쳐보고
먼저 발표라도 하면
큰일이잖소?

소곤소곤

원문 : 그것은 얇고 편편하며 완전하게
공간 속에 떠 있다. 그러나 황도에
대해서는 경사를 가진 고리에
의해 둘러싸여 있다.
이게 무슨 뜻이게?
해설 : 나는 토성의 고리를 발견했다.

못 살아,
정말.

그 밖에도 항성의 거리를
비교하기도 하고 화성의
표면에서 V자 모양의 연못을
발견했는데

근데 화성의 연못은
잘못 아신 거였죠?

어허~, 그건 비밀 중에서도
일급비밀인데….

쉬

ㅋㅋ

그런데 이 시기에는 망원경이나 현미경의 발전과 더불어 광학도 발전했다고 하던데요?

그렇지. 계속해서 새로운 빛의 현상들을 발견했는데….

빛의 원리를 모르면 안 되는 일이었으니까.

광학어 빛에 대해 연구하는 학문인 거 알지?

빛이란 우리가 무언가를 볼 수 있게 해 주는 것이고

빛이 있어야 식물도 자라는 등 한마디로 공기처럼 우리의 생존을 위해 없어서는 안 되는 중요한 존재지 않소?

그리고 사람들은 고대부터 빛이란 무엇인가에 대해 많은 연구를 해 왔지.

빛이란 안구로 부터 흘러나오는 광체라고

아냐 빛이란 색깔의 미립자야

빛이란 속도가 빠바른 파동어라 니까

음…

그렇다고 안구의 해부학까지 연구하는 거요?

무슨 소리!

170

심지어 철학자들이나 신학자들까지도 빛에 대한 제 나름의 의견을 냈다오.

신학자들은 왜요?

왜긴 왜야? 성경도 안 읽었어? 태초에 하나님이 맨 처음 창조하신 게 빛이었다고.

그러니 당연히 우리도 연구할 게 있는 거지

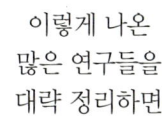

이렇게 나온 많은 연구들을 대략 정리하면

빛이 광원★에서 나와 우리에게 어떻게 전달되는지에 따라 입자설과 파동설로 나눌 수 있지.

빛

간다 받아

어떻게 줄 건데?

★광원-제 스스로 빛을 내는 물체로 태양, 별 따위가 있다.

'입자설'이란 빛이 광원에서 쏟아져 나와 곧게 운동하는 작은 입자라는 학설이네.

피타고라스 학파 등이 주장했던 학설이고.

'파동설'이란 빛이 물결처럼 압력에 의해 파동의 형태로 전파된다고 하는 학설로

아리스토텔레스나 엠페도클레스 등이 주장했지.

이 논쟁은 17세기에도 계속되었는데, 예를 들면 뉴턴은 입자설을 주장했다오.

그래요? 무슨 근거로 입자설을 주장한 거죠?

그것도 몰라?

뉴턴

생각해 봐, 빛이 파동이라면 물체의 그림자가 어떤 모양이겠니?

당연히 그림자가 흐릿해야 하는데 이 그림자를 봐, 뚜렷하잖아.

게다가 우리가 유리창을 보면, 유리 너머의 풍경이 보이기도 하지만 동시에

유리창 앞에 서 있는 우리 자신의 모습이 보이기도 하잖아? 이건 어떻게 설명이 되냐면

빛의 입자들이 물이나 유리 같은 다른 매질로 들어갈 때 일부 입자들은 다시 튀어나오는 반사 현상을 일으키고

일부 입자들은 공기에서 물로 들어갈 때 매질의 밀도가 달라져 빛의 방향이 바뀌지. 그렇기 때문에 물체는 굴절되어 보이는 거라고.

오오- 그럴듯해

공기

물

→ 공기, 물 등 매질의 차이로 빛의 속도가 달라진다.

뉴턴의 입자설은
매우 인기가 좋았는데

그건 뉴턴이 빛에 대한
또 하나의 오래된 의문을
해결한 덕분이오.

그건 '색은 어떻게
인식되는가?'에 대한
거였는데

그거 대단하네요.
어떻게
인식되는 거죠?

그것도
몰라?

훗

우리가 흔히 보는 빛,
태양에서 방출되는 빛을
'백색광'이라고 하는데…

백색광을 유리로 된
프리즘에 통과시키면
일곱 가지 무지개 색의
띠가 만들어지고

이렇게 나온 색들을
다시 프리즘으로 모으면
원래의 백색광이 되거든.

그래서 백색광에는 모든 종류의 색이 섞여 있다는 점을 알아냈고

더불어 물체가 색을 띠는 이유도 입자론으로 설명할 수 있었지.

즉 물체가 고유한 색을 띠게 하는 이유는…

물체가 받는 빛 중 고유한 한 가지 색을 다른 색의 빛보다 많이 반사하기 때문이라는 거야.

난 보라색 빛의 입자를 반사해서 보라색으로 보이는 거거든

티잉

난 빨간색

뉴턴은 워낙에 많은 신뢰를 받고 있었다오.

게다가 입자설은 당시 발견된 빛의 현상들을 대략 설명할 수 있었고.

반사 망원경도 설계했대

만유 인력의 법칙 이라지?

멋져 역시 뉴턴이야

거기에 색에 대해 명쾌하게 설명한 덕분에

무지개의 원리를 밝혀낸 사나이

유럽 지역에선 18세기 무렵까지 입자설이 주름잡았다오.

그런데 나는 입자설을 반박할 논리가 있었지.

ㅋㅋㅋ

그럼, 하위헌스 씨는 파동설의 지지자였군요.

깜 짝

아니, 그걸 어떻게 알았소? 아직 아무한테도 얘기 안 했는데.

정말 보통이 아니군

그야…… 반박이라고 하면……

으음… 당신!

저… 비밀로 할게요. 약속해요.

눈치가 빠른 것도 수상해.

하지만 뭐, 거기까지 알았으니 더 숨길 수도 없겠군. 좋소! 얘기해 주도록 하지.

그게 좋겠네요.

자, 들어 보시오. 빛이 한 방향으로만 진행될 때는 빛이 입자라는 게 별 무리가 없지만

이렇게 양쪽에서 불을 비춘다면 어떻겠소? 양쪽의 빛이 만나는 중간 지점이 있겠지?

그렇죠.

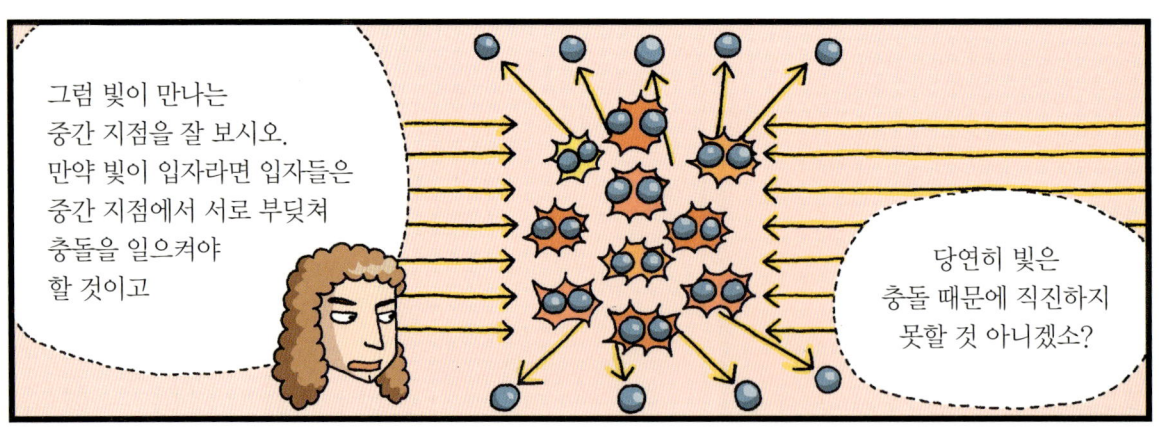

그럼 빛이 만나는 중간 지점을 잘 보시오. 만약 빛이 입자라면 입자들은 중간 지점에서 서로 부딪쳐 충돌을 일으켜야 할 것이고

당연히 빛은 충돌 때문에 직진하지 못할 것 아니겠소?

그런데 빛들은 각자 얌전히 제 갈 길을 간단 말이오.

마치 우리가 수면에 두 개의 파문을 일으켰을 때

툭

툭

이 파동들이 서로 만나도 방해받지 않고 제 갈 길을 가듯이 말이오.

자, 어떻소? 이것이 입자론이 풀어내지 못한 파동설의 결정적인 근거라고.

아, 그리고 또 있다, 또 있어. 비눗방울처럼 물의 얇은 막이 생길 때 자세히 보면 막이 무지개 색으로 보이는 거 말이외다.

뿌쑥

깜짝

이것도 입자론으로는 절대 설명이 안 되는 거 아뇨.

그래, 그것도 그렇지.

맞장구

저, 그런데 이분은 누구시죠?

아, 이 사람은 나와 같이 빛의 파동설을 주장한

영국의 물리학자이자 생물학자인 훅이라오.

반갑시다.

어디서 많이 들어 본 이름 같긴 한데, 혹시 뉴턴하고 싸우던…?

쉿! 저 사람은 뉴턴하고 사이가 무척 안 좋으니 함부로 그 이름을 말해 자극하지 마시오.

방금 누가 뉴턴이라고 말한 것 같은데!

기분 탓이오. 기분 탓.

번뜩 브르르 음마야

근데 왜 그리 사이가 안 좋아졌대요?

뉴턴의 만유인력의 법칙을 자신이 먼저 연구하던 거라며 난동을 피웠다오.

소곤 소곤

훅의 연구가 아직 미완성이라 더 할 말이 없긴 했지만.

크르르 크앙

그러게 내가 뭐랬소? 연구는 비밀이 생명이라니까.

그건 좀 이상한 결론인데요.

크ㄹㄹ

자, 자. 기분 전환하고요. 우리 같이 파동설이나 열심히 주장해 보자고요.

크릉 크르르

저, 근데요. 파동설에 대해 질문이 있는데.

그게 뭐요?

도전하겠다는 거유?

....

다름이 아니라.

보통 파동을 수면이나 소리에 비유하잖아요. 그러니까 혹시 파동은 물이나 공기 같은 매질이 있어야 하는 거 아닌가요?

음, 그 문제.

또, 그 문제?

또...? 또라니요?

그 문제는 파동설을 반대하는 사람들이 주로 딴지를 걸었던 건데

이제 명확한 대답을 하겠습니다.

우리도 매개 물질이 있다고 생각하고

그 물질의 이름을 '에테르'라 붙였습니다.

에테르란 천상의 물질로서 원래 '맑고 깨끗한 대기'라는 뜻이지. 옛날에 아리스토텔레스도 썼던 개념이지만

여기서는 우주에 가득 차 있으며 빛을 매개하는 물질을 뜻하겠습니다.

죽이 척척 맞군요.

천상의 물질이라?
좀 얼렁뚱땅
넘어가는 듯한 냄새가
나는데요?

어디?
어디?

기분
탓이겠지
….

정말
에테르란 게
있나요?

없다는 증거도 없잖소.
실제로 빛은 파동의 성격을
가지는데 말이요.

알았어요. 그럼,
에테르란 공기랑은
다른 건가요?

다르지. 그것은 일단 물체가
운동할 때 어떤 영향도 미치지
않도록 양이 적어야 하고

아주아주 작지만 단단한
알갱이여야 하거든.

그건 또
왜죠?

그야, 빛은 속도가 매우 빠르잖소.
알갱이가 무르면 빛이 빠르게
전파되지 않는다오.

그리고 빛의 파동은
이 알갱이 하나가 진동해서
파면이 생길 때

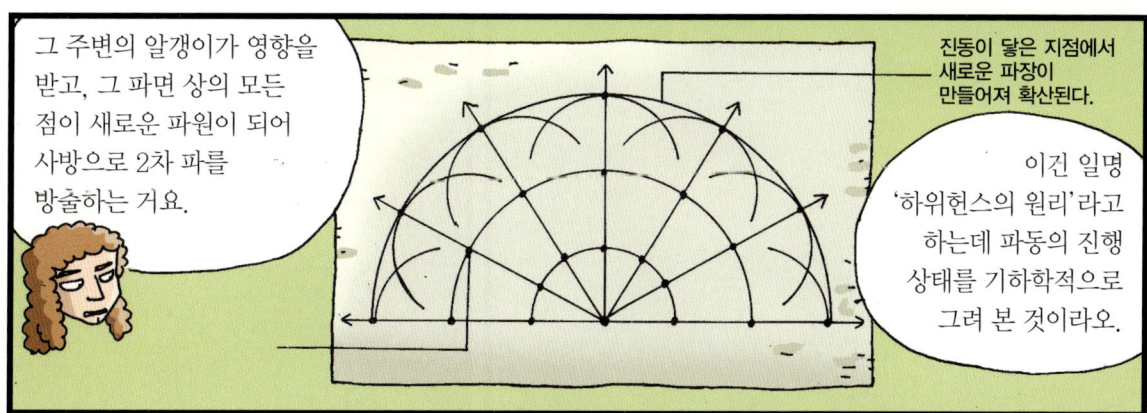

그 주변의 알갱이가 영향을
받고, 그 파면 상의 모든
점이 새로운 파원이 되어
사방으로 2차 파를
방출하는 거요.

진동이 닿은 지점에서
새로운 파장이
만들어져 확산된다.

이건 일명
'하위헌스의 원리'라고
하는데 파동의 진행
상태를 기하학적으로
그려 본 것이라오.

빛의 파동면

빛의 반사

그리고 하위헌스의 원리를 사용하면 빛 파동의 반사와 굴절도 무난하게 설명할 수 있으니….

빛의 파동면

빛의 굴절

어떻소? 파동설도 나름대로 설득력 있는 이론 아니오?

그렇군요.

그러나 우리의 파동설은 많은 질문과 반론에 부딪쳤소.

특히 뉴턴이 인기 있던 영국에서의 반론이 가장 격렬했다오.

이상해

말이 되나?

질문해도 돼요?

나도 질문!

뭐야? 뉴턴!

크르르

아차!

조심성 없기는.

덤벼 봐! 질문해 보라고!

크르르

저… 저부터 얘기해도 돼죠?

카아 카아

괜찮아요, 물지는 않아요.

그럼, 질문해 보시오.

물체에 그림자가 생기는 문제 말이에요. 입자설로는 이해가 가는데

그림자의 선은 직선이다.

파동설로는 이해가 안 가거든요? 보통 바닷가에 가 보면 방파제가 파도를 가로막아도

파도는 옆쪽으로 새어 들어와 방파제 안쪽에도 약하게나마 파도가 치잖아요.

이와 마찬가지로 빛이 파동이라면 물체의 뒤쪽에도 빛이 새어 들어와 그림자가 생기지 않을 거라 생각되는데요?

흠, 이런 건 원래 잘 안 가르쳐 주는 거지만….

그림자의 선이 물결치듯 울퉁불퉁해야 한다.

그건 크기의 문제요, 크기!

그 예는 파도가 방파제보다 크기 때문에 일어나는 현상인 거고.

우리가 얘기하는 빛의 파장이 물체보다 엄청나게 작다고 가정한다면 파도처럼 물체 위로 넘어오는 경우는 없다는 거지.

나름대로 충분히 설명이 된 것 같은데.

자! 다음 질문

크르르

저…, 뉴턴은 색에 대한 설명을 인정받았는데요. 파동설엔 색에 대한 이론은 없나요?

또 뉴턴? 카오

일단 가려욧!

잘 가릴 수 있겠소?

저… 대답은 안 해 주시나요?

아…, 그렇지. 색이라!

밀도가 높은 매질에선 속도가 느리다.

밀도가 낮은 매질에선 속도가 빨라진다.

아름다운 파리가 날아다니네!

★ 토머스 영(1773~1829) - 영국의 물리학자.　★ 프레넬(1788~1827) - 프랑스의 물리학자.

185

1905년 아인슈타인이 '빛은 에너지 입자의 흐름'이라는 새로운 입자설을 주장하면서 다시 부활했어요.

그럼 이번엔 파동설이 찬밥?

그건 아니고요. 결국 현대의 과학에선 두 설을 다 인정해서

빛은 입자와 파동의 성질을 동시에 지닌다는 정도로 이해를 하고 있지요.

뭐야? 의외로 간단한 결론이….

우린 왜 그렇게 싸웠나 몰라요.

흠, 그러게….

입자설

파동설

자, 이제 17세기 물리학을 마무리 짓고 다음으로 넘어갈까요?

아, 이제 끝난 건가?

참 연구 분야도 여러 가지고

꼬리에 꼬리를 물듯 나오는 사람도 많았지.

이러한 수학적인 접근 방법은 여러 사람들의 노력 속에서 인정을 받으며

다음 시대 과학의 한 방법으로 확실히 자리 잡게 되지요.

17세기 생물학

생물학은 해부와 현미경의 사용에 힘입어 한층 더 발전했는데

눈으로 확인할 수 있는 것은 낱낱이 해부하고 그렇지 못한 건 현미경으로….

히힛─ 물 샐 틈 없는 연구로다

그중에는 학회의 이름으로 남겨진 업적이 많다.

이건 린체이 학회에서 현미경을 사용해 조사한 꿀벌의 그림이고

이건 프랑스 과학 아카데미에서 남긴 카멜레온의 해부도랍니다.

지금 보이는 곳이 '해부 전시장'이란 곳인데요. 이곳에선 직접 해부도 했죠.

해부 전시장이란 이름처럼, 사람들은 자유롭게 드나들며 관람할 수 있었답니다.

입장료도 받을까?

안으로 들어오면
동물의 박제나 뼈대 등을
볼 수 있었고요.
저 가운데 있는 사람의 뼈대는
아담과 이브라고 합니다.

와르르

이때는 대규모 식물원도
만들었는데요…

가장 유명한 것은 1626년 파리에
만든 '왕의 정원'이었죠.

루이 13세

내 꺼야
내 꺼

원래는 왕립 약초원으로
지었으며 100여 년간
약초 재배와 연구를 했대요.

세계 각국의
식물들을
모아 와서

많은 원예사들이
기하학적인 모습의
정원을 만들었지요.

왕의 정원은
프랑스혁명 뒤에
'식물원'으로
이름이 바뀌면서

뷔퐁이나 라마르크 같은
식물학자들의 연구소로
발전했는데

꾸준히 동서양의 희귀한 식물들을
수집해 이곳에 전시했다고 해요.

그 밖에 개개인의
연구자를 보자면
시인이자 의사였던
레디를 들 수 있지요.

안녕하드래요?

저는 이탈리아
아레초에서 태어났고
대학에서 철학과 의학을
전공했드래요.

레디
(1626~1697)

제가 주로 연구한 것은 곤충과 독사, 기생충이드래요.

그중에서 특히 이때부터 조금씩 생겨나기 시작한 자연발생설에 대한 비판에 관심을 가졌드랬죠.

구더기가 저절로 생긴다고?

하! 말도 안 돼!

그런데 다들 결정적인 증거를 대지 못하고 잽만 날리는지라 …

자연 ← 발생론자

자연 발생하지 않는다는 증거를 대 봐

＊잽 잽

어, 그건… 너, 증거 아니?

잘은 모르겠지만 아닌 거 같은데….

제가 나서서 크게 한 방 날리고 만거드래요.

퍽

증거

그 증거란 건 고기 속의 구더기가 어떻게 발생하는가에 대한 실험 결과이드래요.

곤충에 관한 실험

고기에 촘촘한 망을 덮어 파리가 알을 낳지 못하도록 했더니

고기가 아무리 썩어도 구더기가 한 마리도 생기지 않았다는 실험이드래요.

엥

엥

190

그랬더니 자연발생설은 큰 타격을 입을 수밖에 없었드래요.

에구 에구

제 가장 큰 업적이 자연발생설의 부정이긴 한데

실은 저도 어떤 부분은 믿고 있었드래요. 그게 뭐냐면 바로 내장의 기생충이나 식물의 충영*에 사는 벌레들이드래요.

충영

이건 아무리 봐도 벌레가 알 넣을 기회가 없는 거 같드래요

★ 충영-식물의 줄기, 잎, 뿌리에서 볼 수 있는 혹 모양의 팽팽한 부분.

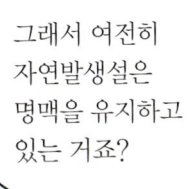

그래서 여전히 자연발생설은 명맥을 유지하고 있는 거죠?

아직까진 그랬드래요. 내 뒤로 여러 사람들이 이걸 밝혀내려는 실험을 했는데

어떤 사람은 쇠고기 국물을 병에 넣어 마개를 덮고 30분간 가열한 실험을 하기도 했드래요.

니덤

그래도 여전히 미생물이 발견되니까 다시 자연발생설을 옹호했드랬고…

잠깐!

니덤 씨의 실험은 틀렸어요. 니덤 씨는 일단 마개를 꽉 닫지 않았고

스팔란치니

191

낮은 온도에서 가열했기 때문에
미생물이 생겼던 거지요.

이런 점들을 바로 잡아
다시 실험을 하면 미생물은
생기지 않는다오.

그런가?

그런 거
같기도
하고...

이렇게
이러저러한
오류를 거치면서
자연발생설과
생물속생설★은
엎치락뒤치락
했는데

결국 1860년 프랑스 과학 아카데미에서
자연발생설을 명확하게 밝히는 실험에
현상금을 걸었고

뭐야?

돈 준대 돈
그렇다면...

현상금

★생물속생설 – 생물이 생기는 것은 반드시 그 어버이가 있다고 생각하는 이론.

파스퇴르가 목이 긴 플라스크에
고기를 담아 가열해
어떤 세균도 생기지 않았다는 것을
증명하고 나서야

자연발생설은 확실하게
자취를 감추었지요.

→ 미생물이 유리관의
휜 부분에 걸려
들어가지 못한다.

위에 나오는 발생설은
나중에 소개하도록 하고요.

이 시대의 위대한
생물학자 한 분을 더
소개하도록 하겠습니다.

이크, 벌써
나와 계시네요.

네덜란드의 박물학자이자 생물학자인 스바메르담 씨를 소개합니다.

스바메르담
(1637~1680)

스바메르담 씨! 얼굴을 보여 주셔야지요.

삐꺽

스바메르담 씨의 아버지는 약제사였는데 골동품 수집이 취미였죠.

스바메르담 씨는 아버지를 돕다가 박물학에 흥미를 느꼈답니다.

어? 어디 갔지?

스바메르담 씨? 어디 갔어요?

이봐요. 방금 여기 있던 사람 못 봤어요?

그 사람은 원래 집에 붙어 있질 않아요. 저기 밭이나 목장, 풀밭을 찾아보시구려.

의학 공부를 했지만 의사 개업도 안 하고 작은 동물이나 곤충을 연구한다고 들이나 산으로만 쏘다녀서

영양실조에, 우울증 증세도 있다오. 아마도 쪼까 찾기 힘들 꺼유.

못 찾겠다 꾀꼬리

이봐요 어디 있어요

그래도 연구 성과는
훌륭했다오.
작은 동물이나 곤충 관찰은
스바메르담이 남긴 것보다
더 뛰어난 게 없을 꺼유.

현미경으로 본
파리매

전갈의
관찰도

꿀벌의
해부도

이 그림들은 스바메르담이 죽은 후
H. 브루하네라는 의학자가 쓴
스바메르담의 전기 『자연의 성서』에
실렸던 것들이라우.

그 밖에도 현미경으로 적혈구를
발견하고

제발
나오세요

안 때릴게
응?

근육을 변형시켜도 근육의
크기는 변하지 않는다는 걸
확인해서

근육은 수축한다던 갈레노스의 이론을 반박하기도 했다오.

안 되겠다 도와줘야지

여기 있잖수

아이고, 여기 계셨군요.

이제부턴 잘 감시할 겁니다.

해설은 마저 안하구?

저 바쁘다니까요! 대신 좀 해 주세요!

캬억

그러죠, 뭐. 이렇게 스바메르담이 열심히 연구한 수집품들은 매우 뛰어나서

이 지역 유지가 사고 싶어 했지만, 스바메르담이 거절했지. 그 바람에 엄청난 미움을 받아

저놈을 그냥

또 없어지기만 해 봐

토스카나 공

결국 가난과 병으로 죽고 말았다오.

또 없어졌어

저갔다

17세기 생물학은 이 정도가 끝이라오. 간단한 데다 계통도 없지. 그래도 이때의 관찰과 이론은 다음 세기의 밑바탕이 됐다오.

잡아라—

지금부터 이 책의 작가들이 도움받은 책을 소개하겠습니다.

그냥 늘어놓자니 정신이 없어서 몇 가지로 나눠 분류해 봤습니다.

더 많은 정보를 얻고 싶으면 찾아보세요. 우선은 과학사를 다룬 책들입니다.

세계과학문명사 1, 2
콜린 A. 로넌 지음
김동광·권복규 옮김 / 한길사

자료로 쓴 과학문명사 책 중에선 분류와 흐름이 가장 좋았습니다.

과학의 역사 1, 2, 3
J.D 버날 지음
김상민 옮김 / 한울 출판사

조금 어렵지만 성실하게 과학의 역사를 다룬 책입니다.

과학의 역사 1, 2
스티븐 에프 메이슨 지음
박성래 옮김 / 까치글방

이 책도 조금 어렵습니다. 하지만 다른 책들과 비교하면서 보기에 좋았지요.

청소년이 꼭 알아야 할 과학문명의 역사 1, 2
히라타 유타카 지음
이면우 옮김 / 서해문집

그림 자료가 많아서 좋고 내용도 매우 잘 정리된 책입니다.

인류의 진보와 지식의 역사 1, 2
찰스 반 도렌 지음
홍미경 옮김 / 고려문화사

과학의 역사라기보다는 좀 더 광범위한 내용이긴 하지만 사람들의 생각의 발전을 뒤쫓을 수 있답니다.

사람이 알아야 할 모든 것 - 과학
존 그리빈 지음
강윤재·김옥진 옮김 / 들녘

중세 이후의 과학사에 대해 꼼꼼하고 재미있게 다룬 책입니다.

과학의 역사
허버트 버터필드 지음
이정석 옮김 / 다문

몇 가지 논문 위주로 되어 있는데 관점이 독특했습니다.

쉽고 재미있는 과학의 역사
에릭 뉴트 지음
이민웅 옮김 / 플리오

정말 쉽게 과학사를 풀어낸 책이죠. 그 대신 간단하기도 합니다!

재미있는 과학 이야기
박성래 지음 / 서해문집

이 책도 쉬워서 중학생들이 읽어도 좋을 듯하네요.

과학문명사
권석봉·고경신·이종권 지음
중앙대학교 출판부

대학 교재이니만큼 사전 공부가 필요한 책입니다.

이 외에도 여러 책에서 참고를 했으니 다른 책들도 더 찾아보세요.

과학의 발전 속도는 인류의
역사와 발맞춰 나아갑니다.
그런 만큼 이 책에서는
역사가 중요했지요.

그래서 두 번째 분류는
역사책들입니다.
재미있는 책이 많죠.

잉카-태양신의
후예들
시공 디스커버리 총서

작고 얇아서 금방 읽는답니다.
재미있어요!

아스텍 제국
그 영광과 몰락
시공 디스커버리 총서

잉카와 아스텍을 같이 읽어 보세요.

역사와 신화의
재발굴
C.W. 쎄람 지음
안경숙 옮김 / 대원사

주로 고고학적 발굴 이야기로
잊혀진 문명들을 찾아내는
과정을 흥미진진하게 담았죠.

서양문명의 역사
1~4
E.M 번즈 외 지음
손세호 옮김 / 소나무

유럽 중심의 역사서예요.
방대한 유럽 역사를
깔끔하게 정리한 책이죠.

세상에서 가장
재미있는 세계사
래리 고닉 지음
이희재 옮김 / 궁리

정말 재미있는 만화책!
역사에 얽힌 내용도 알차답니다!

그림으로 보는
중국의 과학과 문명
로버트 템플 지음
과학세대 옮김 / 까치

주로 고대 중국의 일상생활 속에서
발견할 수 있는 과학들을 설명해 놓았어요.
신기한 것들이 많답니다.

이슬람
이희수 외 지음
청아출판사

이슬람의 역사보다는
현재의 이슬람에 대한 정보가
더 많은 책이에요.

케임브리지
이슬람사
프랜시스 로빈슨 외
지음
손주영 옮김 / 시공사

두툼한 정통 역사책인데
컬러 사진과 그림이
많아서 좋아요.

중국의 과학과
문명: 수학,
하늘과 땅의
과학, 물리학
조셉 니덤 지음
이면우 옮김 / 까치

어려운 내용이 많아서
조금 전문적인 공부를 하고 나서
봐야 할 거 같아요.

이슬람 1400년
버나드 루이스 편
김호동 옮김 / 까치

이슬람 문명의 역사를
정리해 놓았어요.
살짝 어렵답니다.

만화-중국
과학 이야기
타오룽·가오단 지음
도희진 옮김 /
사이언스 북스

예쁜 중국화 기법으로
중국 고대 과학을
쉽게 설명했어요.

세 번째 분류는 개별적인 정보를 얻기 위해 참고한 책들입니다.

페이퍼 로드

진순신 지음
조형균 옮김 / 예담

동서 교역의 중요한 계기였던
종이에 대한 내용이죠.
재미있어요.

거의 모든 것의 역사

빌 브라이슨 지음
이덕환 옮김 / 까치

다양한 과학의 이모저모.
만화경 같은 과학의 모습을 보세요.

신화 속으로 떠나는 언어여행

아이작 아시모프 지음
김대웅 옮김 / 웅진

서양 언어와 학문에서 신화가
어떻게 활용되고 있는지 알려 준답니다.

먹거리의 역사

마귈론 투생 사마 지음
이덕환 옮김 / 까치

먹을거리 덕분에 때론 역사가 바뀌기도 한답니다.
놀라운 사실이죠?

피타고라스의 바지

마거릿 버트하임 지음
최애리 옮김 / 사이언스 북스

과학사에서 소외되었던
여성학자들에 대한 얘기예요.

하늘의 과학사

나카야마 시게루 지음
김향 옮김 / 가람기획

짧게 쓴 천문학의 역사예요.

**재미있는 인류 과학이야기
화학편**

A. 서트클리프 지음
황국산 옮김 / 예문당

화학 분야에서의 단편적인 지식들을
모아 놓은 책입니다.

참! 만화다 보니 그림 참고한 책들도 많아서 소개하지 않을 수가 없군요.

비주얼 박물관 60권
웅진출판사
오래된 소품이나 의상들을 사진과 그림으로 편집한 책으로 참고가 많이 되었습니다. 아이들이 보기에도 재미있어요!

거인의 어깨 20권
아이세움
이 시리즈 역시 자세한 사진과 그림으로 도움을 많이 받았지요.

디키 해외 여행 시리즈
가자, 세계로
독일편, 영국편…
사진들은 좀 작지만 오래된 건축물을 그릴 때 주로 참고했지요.

서양 건축 이야기
빌 리제베로 지음
오덕성 옮김 / 한길아트
그림 위주라기보다 이론책이지만 책 안의 건물 그림이 훌륭합니다. 더 많은 그림이 없는 것이 아쉬워요.

A PICTORIAL HISTORY OF COSTUME
서양 의복을 그릴 때 주로 참고한 책입니다. 이 책은 입체적인 그림이 좋지요.

RACINETS FULL–COLOR PICTORIAL HISTORY OF WESTERN COSTUME
이 책도 훌륭하지요. 950년부터 1800년대까지의 명화에 나와 있는 복식을 모은 책.

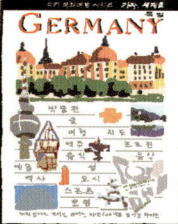

또 헤아릴 수 없이 많은 웹사이트에서도 그림과 내용을 참고했습니다만 일일이 기억하기 힘들어 문턱이 닳도록 다닌 몇 군데만 간단히 소개합니다.

대한민국 국회 도서관 http://www.nanet.go.kr
과학문화 포털 사이언스 올 http://www.scienceall.com
과학동아 http://www.dongascience.com
수학사랑 http://www.mathlove.co.kr
창의세상 http://www.creative.re.kr
코르비스 이미지 http://www.corbisimages.com/
프레스 포토 http://www.pressphoto.co.kr

그림으로 보는 세계사 · 과학사 연표

BC 2500만 년경
인류가 처음으로
등장하다

BC 7000년경
촌락 생활을
시작하다

세계사

과학사

BC 40만 년경
불을 사용하고
털가죽 옷을 입다

BC 1만 5000년경
농경을
시작하다

BC 3만 년경
낚싯바늘, 활,
창 등 정교한
도구를 사용하다

BC 7000년경
가축을 기르고
토기를 사용하다

BC 3300년경
수메르에서
쐐기문자가
만들어지다

BC 1850년경
바빌로니아에서
함무라비 법전이
만들어지다

BC 221년경
진의 시황제,
중국을 통일하다

BC 4000년경
처음으로 도시가
생겨나다

BC 3100년경
이집트가
통일되다

BC 900년경
올맥 문명아
시작되다

BC 58년경
로마의 카이사르,
갈리아를
정복하다

BC 3000만 년경
이집트, 바빌론,
인도, 중국에서 천문
관측을 시작하다

BC 600년경
텔레스가 처음으로
자연철학을 시작하고,
일식을 예측하다

BC 400년경
데모크리토스가
고대 원자론을
시작하다

BC 325년경
에우클레이데스가
기하학을
집대성하다

BC 2000년경
메소포타미아에서
산수와 시간, 길이
단위를 사용하다

BC 540년경
피타고라스,
피타고라스의 정리를
발견하다

BC 400년경
히포크라테스가
의술을 세우다

1년
예루살렘에서
예수 그리스도
탄생하다

395년
로마제국이
동서로 나뉘다

1206년
몽고의 칭기즈칸,
원나라를 세우다

220년
중국, 위·촉·오
삼국으로 나뉘다

1204년
십자군,
콘스탄티노플을
침략하다

1368년
중국의 원나라 멸망,
명나라가 세워지다

105년
중국의 채륜,
종이를 발명하다

220년경
중국에서 나침반의
원리를 발견하다

1234년
고려에서 세계 최초로
금속활자를 사용하다

1306년
몬디노 데 루치,
사체를 해부하다

BC 220년경
아르키메데스가
부력의 원리를
발견하다

120년경
프톨레마이오스,
『알마게스트』를
완성하다

595년
인도에서
'0'을 발견하다

1300년경
기계시계가
발명되다

1492년
콜럼버스,
아메리카 대륙을
발견하다

1517년
독일의 루터,
종교개혁을
일으키다

1519년
마갈랴잉시가
세계일주를
시작하다

1588년
영국, 에스파냐의
무적함대를 격파하다

1450년
구텐베르크가
활판 인쇄술을
알리다

1541년
3차방정식의
일반 해법을
발견하다

1543년
베살리우스,
『인체의 구조에
대하여』가 나오다

1543년
코페르니쿠스가
지동설을 주장하다

1582년
교황 그레고리우스 13세,
그레고리력(태양력)을
제정하다

1590년
네덜란드의 얀센,
현미경을 발명하다

1600년
길버트,
『자석에
대하여』를
쓰다

1613년
러시아, 로마노프
왕조가 세워지다

1616년
중국, 누르하치가
청을 세우다

1620년
영국의 청교도들이
아메리카로 이주하다

1640년
영국, 청교도혁명이
일어나다

1675년
영국, 그리니치
천문대를 세우다

1688년
영국,
명예혁명이
일어나다

1609년
케플러의
제1·2법칙이
나오다

1628년
하비, 혈액순환
이론을 발표하다

1632년
갈릴레이,
지동설을
주장하다

1662년
로버트 보일,
보일의 법칙을
발견하다

1665년
로버트 훅,
세포를
발견하다

1673년
레벤후크,
미생물을 발견하다

1676년
로메르,
빛의 속도를
계산하다

1687년
뉴턴, 만유인력의
법칙을 발표하다

1712년
증기기관이
만들어지다

1775년
미국, 독립전쟁이
일어나다

1804년
프랑스,
나폴레옹 1세가
왕위에 오르다

1705년
핼리혜성이
발견되다

1789년
프랑스혁명이
일어나다

1758년
린네, 생물 분류의
체계를 세우다

1791년
갈바니,
동물 전기를
발견하다

1796년
제너, 종두법을
만들다

1752년
프랭클린,
피뢰침을
발명하다

1787년
샤를, 기체 팽창의
법칙을 발견하다

1795년
허튼, 지층의
원리를 알아내다

1803년
돌턴, 원자론을
주장하다

1840년
청나라와 영국이
아편전쟁을
벌이다

1863년
미국, 링컨
노예해방을
선언하다

1823년
미국, 먼로 대통령
먼로주의를
선언하다

1848년
독일, 마르크스와 엥겔스
「공산당 선언」을
발표하다

1914년
제1차 세계대전이
일어나다

1833년
패러데이,
전기 분해의
법칙을 발견하다

1865년
멘델,
유전의 법칙을
발견하다

1895년
뢴트겐, X선을
발견하다

1916년
아인슈타인,
상대성이론을
완성하다

1859년
다윈, 『종의 기원』을
발표하다

1885년
파스퇴르,
광견병 백신을
발명하다

1898년
퀴리 부부,
라듐을 발견하다

1919년
베르사유 조약이
체결되다

1929년
세계 대공황이
시작되다

1939년
제2차 세계대전이
일어나다

1945년
미국이 일본에
원자폭탄 투하,
제2차 세계대전이
끝나다

1992년
소비에트 연방이
해체되다

세계사

과학사

1929년
허블, 우주 팽창을
발견하다

1953년
왓슨과 크릭,
DNA 분자구조를
밝히다

1961년
갸가린, 인류 최초로
우주비행을 하다

1969년
아폴로 11호
달 착륙에
성공하다

1978년
최초의
시험관 아기가
탄생하다

1997년
복제양 '돌리'가
탄생하다